一輩子只有你

我的第一本狗狗照護書

劉彤渲 ── 著

傅啟嘉 獸醫師 ── 審訂

那天，
你在我的懷抱中，
吐出最後一口氣……

Hi~你們好~

我是彤瑄，一直一直在染瑄森森畫畫，
在染瑄森森的 小花（菜）園裡，
前後收養了七隻浪浪：養樂多、狗佛仔、
旺旺、甜不辣、小小旺、黑麻糬、小小歐，
在與他們相處的日子裡，
我從一個狗狗超級門外漢，一點一點的
學著認識他們、照顧他們、
理解他們及面對他們的生離死別。
其中陪伴我最久的是黑麻糬，
最讓我歉疚不捨的也是他，
在與麻糬生活的十五年裡，
許多時候因為對狗狗養護知識的不足
而做了許多不對的事，

尤其是當我面對他的死亡時，
那種不知所措與巨大的失落感，
至今都讓我痛著，
我想有許多人都跟我一樣，
不管是還沒養狗、還是已經養狗，
面對狗狗，心裡總是有 100 個問號，
所以，我用很大的力氣寫與畫了這本書，
除了分享我和痲糬的小故事，
也希望你們可以更認識狗狗，
不要跟我一樣總在遺憾中懊悔著心

這本書，獻給黑痲糬

 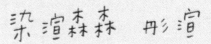
染渲森森　彤渲

前面的前面 ————

閱讀前，想讓你先知道……

寫這樣一本有點專業的狗狗書，是帶著壓力的。一開始，我是希望從我與黑麻糬的故事中，稍稍帶一點狗狗資訊給你們，但寫著寫著，覺得有好多好多關於狗狗的種種都想讓你們知道，但寫得越多、了解得越龐大之後，發現許多知識必須有非常專業的底氣，才能磅礴呈現。而我究竟能帶給你們什麼呢？縱使書寫完了、畫完了，心裡還是有些許空隙塞了點不知所措，所以在閱讀此書之前，想讓你先知道：

☑ 我只是個愛狗、愛畫畫的人，感謝獸醫師做最強後盾

我不是獸醫，充其量只是個「養過很多狗的人」。我想藉由軟軟暖暖的插畫來分享硬硬冷冷的狗知識，然後讓所有的狗狗更讓人懂、更讓人愛。在這本書裡或許會發現不夠詳盡的文字或資訊，請用最大的包容來理解我的盡力。許多現實考量下——頁數、視覺、成本等——我只能盡最大的力量，用簡單、平易近人的方式讓更多人理解狗狗的基本。但請不用擔心，我們也找了專業獸醫師幫全書內容作審訂，想在輕鬆與專業之間，最大化地把狗狗的所有獻給你們。

☑ 適合我狗狗的，不一定適合你狗狗

我的旅程不等於你的旅程；我的愛情不等於你的愛情；我的故事不等於你的故事。書裡頭分享了許多我自己的經驗與對狗狗的照護方式，若發現與你的觀念不同，請先不要急著批判。如同人類一樣，不同人種與族群、不同環境與資源，所能接受的飲食與生活方式都會不同。所以適合我狗狗的，真的不一定適合你的狗狗。我的經驗

與分享，可以作為基本參考，但最重要的是，請你依照狗狗的品種、體型、喜好與個性來從中變化、調整。這本書的所有，可以比對、但沒有絕對。

☑ 以我的經歷開始架構，用各種知識完整輪廓

這本書出現的所有內容，我有一個固執的堅持：是我有過的經驗並經歷過的故事才會將它寫出。但以經驗與故事架構後，向外衍伸出的許多知識，我必須翻閱大量書籍與查詢各類狗狗資訊才能完整每個章節的輪廓。我想說的是，許多狗狗知識都是經過我努力消化與理解艱深術語後，用最淺顯易懂的話語，重新詮釋並呈現給你們。所以我特別於書籍最末，列舉出我在養狗狗的過程中，會隨時汲取「與我觀念契合」的知識來源，除了真心感謝所有為狗狗付出的他們，也想讓你們在此書之外，可以攝取更多深入的狗狗資訊。

☑ 看圖，也看看字

我是個視覺取向的人，所以我知道，或許你是因為這本書的插畫與色彩才買下他（還在書店翻閱嗎？拜託買下來吧！），但如果可以，請你一天一點點，試著閱讀每個小小的文字，因為它們身上都藏了大大的期盼，期盼藉由這些我字字斟酌出來的一撇一捺，可以讓你們一起認識狗狗這種真的很好笑、很好氣但又讓人不捨的生物。如果你喜歡這本書，也請推薦給愛狗、愛畫畫的朋友喔：）

謝謝！能有你一起讀這本書，是我與狗狗最大的幸福！

目錄 Contents

狗佛仔

鄰居送來的米克斯成犬，是花園第1隻
狗狗，但因為狗佛仔從小由鄰居養大，
所以總是趁人不注意時偷偷跑回鄰居家
裡。幾次離家出走又被抓回來後，覺得
他這樣實在太可憐，所以就把他送還鄰
居。但聰明的狗佛仔會在吃飯時間兩邊
跑、兩邊吃……結果，他有兩個家啊。

旺旺

一次在自行車道騎車時，全程跟著我
們的浪浪。我跟他約定，如果騎過隧
道再回來時，若他還在，我就帶他回
家。他真的就乖乖在隧道口等著，在
我回來時，才又起身跟著我們走。旺
旺後來生了3隻小狗狗，其中1隻是
後來接管花園的小小旺。

養樂多

第2隻狗狗是耳朵大大的混種米格魯。被朋
友送來時才剛出生、小小軟軟的，那鵝黃色
與淡橘紅相間的身體，就像一罐好喝的養樂
多。但在一次可怕的意外中，他沒能來得及
長大。我常常想著，可愛活潑又好動的他，
長大後會是什麼樣子？所以書裡我畫了一隻
想像中的他來貫穿全場，希望他就像我刻畫
的一樣，有點賊頭賊腦、有點傻里傻氣，然
後像養樂多一樣健康又快樂的活著。

小小旺

小小旺跟旺旺長得很像，只是顏色又摻
了點棕褐色，是花園裡最得力的護家
犬。他跑起來像坦克飆風，英姿煥發。
他在一次外出溜搭後，就再也沒有回
來，我們找了好久好久，都沒有他的下
落。現在我帶小小歐出門運動，總會不
自覺地尋找他的身影，希望有一天他就
站在我面前。小小旺，你究竟在哪裡？
你好嗎？

甜不辣

甜不辣看起來很好吃，有點像虎皮蛋糕、又有點像沾了醬的甜不辣。他不知道發生了什麼事，兩隻腳血淋淋的、嚴重受傷，爸爸在路邊發現後把他帶回家療養。下雨天，甜不辣會躲在樹下，然後在雨滴落頭上時，皺著眉頭看天空，一臉多愁善感。後來我在外地工作、假日回家時才知道，他已經被爸爸的朋友帶走。我一直很氣餒當時沒能阻止，如果可以，我真希望每到下雨天，就能看見在樹下多愁善感的他。

小小歐

在歐馬幾 11 歲時，我想著萬一有一天馬幾走了，花園會變得空蕩蕩，所以一次在台中的假日狗狗市集中，發現跟歐馬幾小時候長得一模一樣的小顆麻糬後，便立馬帶他回家，成了馬幾 2.0 的小小歐。雙歐一起生活了 4 年，他們長得很像，但小小歐有雙琥珀色的眼睛，在陽光下會閃閃發亮。他的個性善良又細膩，總是乖乖地在花園裡陪著我，跟著我一起把這本書寫完。

黑麻糬

這本書的主角。阿姨帶來的小東西，他來時，養樂多剛剛發生意外離開，當時，我一點都不喜歡這烏漆麻黑的小東西。可是，剛出生的他，又香又軟又黑得發亮，抱起來像一顆黑黑的小麻糬，一下子就讓人愛不釋手，所以叫他「歐馬幾」（黑麻糬的台語）。他是目前家裡的狗狗中，唯一從小養到大、再從大養到老的，他讓我經歷一隻狗狗一生的所有變化，有笑得要死，也有傷得要命。他帶給我極大的歡樂，卻也用極大的悲傷離我而去。因為他，所以才有這本書，歐馬幾，這是我在你墓前對你許下的承諾，你也要遵守約定，過得好好的，有機會，再來當我的最佳夥伴。

狗狗
那麼多種

黑麻糬是毛長長的黑色米克斯，
但他一直覺得自己是人類，
優雅的吃、優雅的睡，
跟所有的狗都不合 :D

狗狗在動物界中是造型百變、模樣各千的超級明星，有大到身高將近 100 公分的獒犬、也有小至不到 15 公分的茶杯梗犬。目前培育出來的狗狗品種約有 700～800 種，不過，由世界犬業聯盟認可的只有 337 種。你想要收編哪一種狗狗呢？

吉娃娃

吉娃娃的體型非常小，約 1～5 公斤。有大大尖尖的耳朵，優雅、警惕、動作迅速。嬌小的體型很適合養在市區公寓，不過吉娃娃的個性比較神經質，常會因小小動靜而吠叫。

博美

活潑、友善、聰明、警惕、充滿好奇的博美很受歡迎。他是德國狐狸犬的一種，原產德國。修毛後的博美，像一顆蓬鬆的毛球，非常可愛。

雪納瑞

雪納瑞的外表和毛色很有特色，身體的長度和腳到肩膀的高度是相同的，看起來方方正正很好玩，脾氣很好的他很適合作為寵物犬。有「標準雪納瑞」、「迷你雪納瑞」和「巨型雪納瑞」三個品種。

貴賓狗

在服從性以及智商排名中，貴賓狗都是小型犬裡的冠軍，再加上可愛的造型讓人愛不釋手。有黑、灰、白、黃、棕等多種毛色，不易脫毛，較不會使我們過敏，但若沒有適當照顧，毛髮就會糾結成團哪。

米格魯

米格魯（Beagle）是小獵犬的英譯。因為體型小且動作靈敏，因此在英國被視為獵犬，專門用來獵兔子，又有「獵兔犬」的稱號。米格魯個性活潑好動、非常非常有活力。

柯基

原名是威爾斯柯基犬。原本培養來放牧牛羊，短短的腳與低矮的身材讓他們免於被牛隻踢到。柯基犬最受歡迎的地方就是他那性感的屁屁與像雞腿一樣的小棒腿：D

柴犬

日本犬種，最早被培育作為狩獵鳥類、兔子等小動物的獵犬。個性大膽、獨立、頑固，有一定的警戒心與攻擊性，部分專家覺得柴柴不適合初次養狗者飼養，但柴柴那麼可愛，只要有心，還是能跟他成為好朋友的。

比熊犬

法語「Bichon Fris」，意指「白色捲毛的玩賞用小狗」，原產於地中海地區，顏色一般為白色。毛髮經過修剪後的小比熊像一顆棉花糖一樣，圓圓的超級有趣！

哈士奇

學名是西伯利亞雪橇犬，動作敏捷且力量大，原是北極土著飼養的品種，用來在雪地上拉雪橇。他是標準的寒帶犬，台灣高濕熱的氣候對哈哈來說實在痛苦，所以飼養他們一定要非常注意，炎炎夏日時，請給他一個舒適的環境與溫度。

黃金獵犬

微笑的狗。和善、歡樂、有耐性、容易親近，對小孩或嬰兒十分友善。同樣的，他們也很需要我們經常的陪伴才會快樂。飼養黃金獵犬，一定要衡量自己是不是有足夠時間陪伴他們，才不會讓他們憂鬱喔。

拉布拉多

拉布拉多屬於中大型犬，很愛黏人，個性忠誠憨厚、溫和友善、開朗樂天，且沒有攻擊性。多多智商很高，所以常被選作經常出入公共場合的導盲犬、警犬或搜救犬。

德國牧羊犬

我們常說的德國狼犬。原產德國，作為牧羊犬使用。他們體型高大、外觀威猛、動作敏捷，具備極強的工作能力，很適合動作式的工作環境，是軍犬、警犬、搜救犬的最佳狗選。

台灣犬

過去我們說的台灣土狗。細尖耳、杏仁眼、三角狀頭部和鐮刀狀尾巴，是他們特有的血統特徵。2015 年在世界畜犬聯盟大會上，他們被正式正名為「台灣犬」Taiwan Dog。他們聰明、敏捷，不容易與陌生人親近，不過一旦認定主人，就會非常忠心。

米克斯

米克斯 (MIX) 不是犬種名。由不同品種的狗狗混合交配而來，統稱為米克斯。相較於許多品種犬因為近親交配而有許多遺傳疾病，米克斯屬於自然繁殖，少了很多可憐的遺傳疾病問題。健康、活潑、好照顧，個性與人親近，黑麻糬就是 MIX。

法國鬥牛犬

法鬥造型特殊、性格穩重，很少大聲吠叫。他非常需要人類的陪伴，長時間獨處容易出現分離焦慮。他是所有品種犬中帶有最多遺傳疾病的犬種，飼養前，請先思慮你能否承受未來他可能的生病之重。

巴戈

原叫哈巴狗。凸凸的眼睛及皺褶的皮膚需要特別留神照護，不適合高濕的環境，夏天一定要給他涼爽的生活空間。巴哥就像個孩子，喜歡被拍拍、哄哄，是非常需要主人關愛的狗狗。

領養狗狗這樣做

我們家的 7 隻狗狗，除了現在還陪伴著我的小小歐是認養而來，其他都是浪浪。流浪犬並不是大部分人以為的：都兇惡、充滿野性。流浪犬大部分是米克斯，而米克斯的個性其實相當喜歡與人親近。會有「覺得流浪犬都很兇」這樣的迷思，是因為長年在外生活的他們必須強悍起來，才能有生存與保護自己的本能。換成是我們，不也這樣嗎？

且有些流浪狗狗也是被人類棄養後才流落街頭，對他們來說，能得到一份關懷與愛，是多麼渴求的一件事。如果你想養狗狗，除了認養，若在路上遇見與你投緣的流浪犬，也可以試著帶他回家。你給他多少愛，他就會加倍地還給你。

你發現了嗎？我沒有提到「購買」。

每次經過寵物店，看著一格一格櫥窗裡面的小狗，心裡就很難過。很多繁殖場並不人道，狗狗活著，就只為了不停繁衍小狗、讓商人獲利。一旦沒有生殖能力，他又能得到什麼善終？

領養代替購買，真的不只是口號。若可以，請試著查詢關於繁殖場的資訊，你就會知道有許多狗狗都身陷在什麼樣的煉獄裡。心痛過後，也請跟你身邊所有想養狗狗的人說說這件事。領養、認養，絕對比購買要來得充滿愛。

還有，領養不難，請跟著接下來的步驟，來評估你與狗狗的未來。

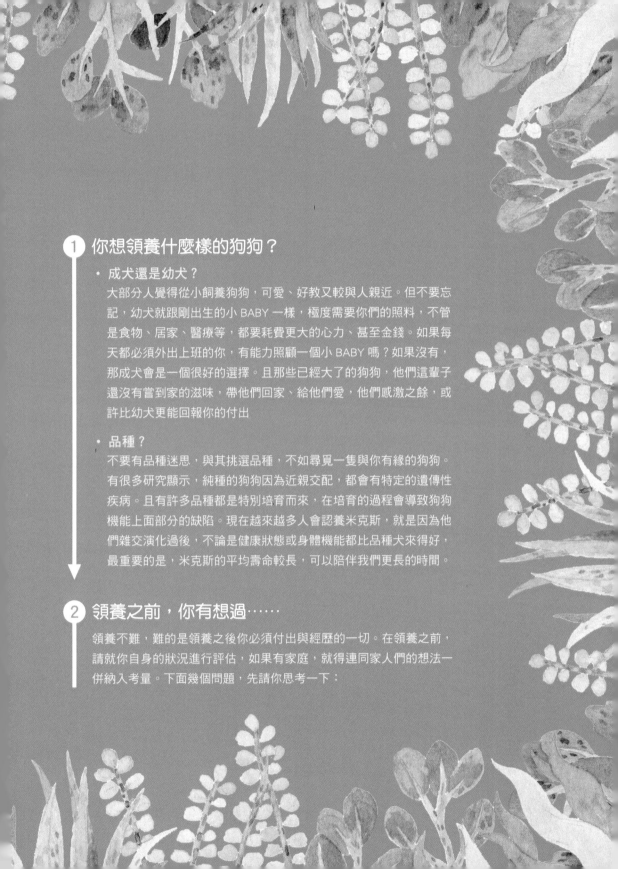

① 你想領養什麼樣的狗狗？

- **成犬還是幼犬？**

  大部分人覺得從小飼養狗狗，可愛、好教又較與人親近。但不要忘記，幼犬就跟剛出生的小 BABY 一樣，極度需要你們的照料，不管是食物、居家、醫療等，都要耗費更大的心力、甚至金錢。如果每天都必須外出上班的你，有能力照顧一個小 BABY 嗎？如果沒有，那成犬會是一個很好的選擇。且那些已經大了的狗狗，他們這輩子還沒有嘗到家的滋味，帶他們回家、給他們愛，他們感激之餘，或許比幼犬更能回報你的付出

- **品種？**

  不要有品種迷思，與其挑選品種，不如尋覓一隻與你有緣的狗狗。有很多研究顯示，純種的狗狗因為近親交配，都會有特定的遺傳性疾病。且有許多品種都是特別培育而來，在培育的過程會導致狗狗機能上面部分的缺陷。現在越來越多人會認養米克斯，就是因為他們雜交演化過後，不論是健康狀態或身體機能都比品種犬來得好，最重要的是，米克斯的平均壽命較長，可以陪伴我們更長的時間。

② 領養之前，你有想過……

領養不難，難的是領養之後你必須付出與經歷的一切。在領養之前，請就你自身的狀況進行評估，如果有家庭，就得連同家人們的想法一併納入考量。下面幾個問題，先請你思考一下：

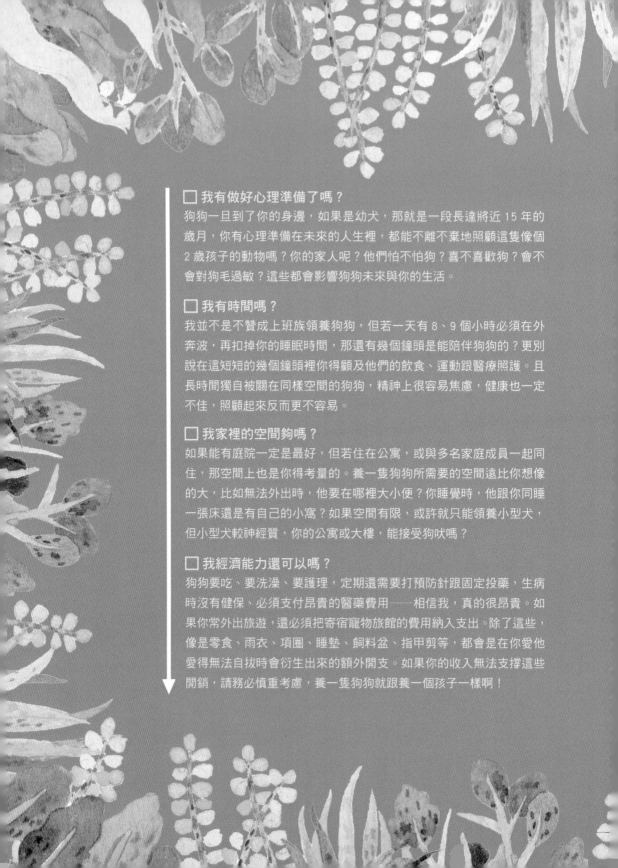

☐ 我有做好心理準備了嗎？

狗狗一旦到了你的身邊，如果是幼犬，那就是一段長達將近 15 年的歲月，你有心理準備在未來的人生裡，都能不離不棄地照顧這隻像個 2 歲孩子的動物嗎？你的家人呢？他們怕不怕狗？喜不喜歡狗？會不會對狗毛過敏？這些都會影響狗狗未來與你的生活。

☐ 我有時間嗎？

我並不是不贊成上班族領養狗狗，但若一天有 8、9 個小時必須在外奔波，再扣掉你的睡眠時間，那還有幾個鐘頭是能陪伴狗狗的？更別說在這短短的幾個鐘頭裡你得顧及他們的飲食、運動跟醫療照護。且長時間獨自被關在同樣空間的狗狗，精神上很容易焦慮，健康也一定不佳，照顧起來反而更不容易。

☐ 我家裡的空間夠嗎？

如果能有庭院一定是最好，但若住在公寓，或與多名家庭成員一起同住，那空間上也是你得考量的。養一隻狗狗所需要的空間遠比你想像的大，比如無法外出時，他要在哪裡大小便？你睡覺時，他跟你同睡一張床還是有自己的小窩？如果空間有限，或許就只能領養小型犬，但小型犬較神經質，你的公寓或大樓，能接受狗吠嗎？

☐ 我經濟能力還可以嗎？

狗狗要吃、要洗澡、要護理，定期還需要打預防針跟固定投藥，生病時沒有健保、必須支付昂貴的醫藥費用——相信我，真的很昂貴。如果你常外出旅遊，還必須把寄宿寵物旅館的費用納入支出。除了這些，像是零食、雨衣、項圈、睡墊、飼料盆、指甲剪等，都會是在你愛他愛得無法自拔時會衍生出來的額外開支。如果你的收入無法支撐這些開銷，請務必慎重考慮，養一隻狗狗就跟養一個孩子一樣啊！

③ 領養的管道有哪些？

如果上一部份每個選項在你思考過後都能勾選，那就可以開始尋找領養管道了。除了流浪犬或認識的送養人外，你也可以從這些地方尋找：

- 政府公立收容所、動物防疫保護處
- 全國動物收容管理系統 – 動物認領養平台
- 民間的收容所、流浪狗飼養場
- 假日公園的狗狗認養集會
  像是台北圓山花博園區的市集、台中勤美誠品前方綠園道、高雄勞工公園，假日時都會有愛狗人士或是收容所帶著狗狗亮相，讓民眾認養。

④ 收養時的手續有哪些？

通常送養人或是送養機構都會先與收養人聊聊，確定你們符合條件，才會進行收養程序，程序中也會需要你們簽一些同意文件：

- 年滿 20 歲且有經濟能力，男性役畢，未滿 20 歲需家長陪同。
- 與家人同住需得到家庭成員同意。
- 身心狀態、居住環境皆需穩定。
- 需同意注射疫苗並在狗狗成年後進行結紮。
- 需同意送養人後續追蹤及家庭訪查。
- 最後簽訂一式兩份的認養切結書。

⑤ 帶狗狗回家之前要先準備什麼？

通常一完成認養手續就能直接把狗狗帶回家了，所以在出發去認養前，請先在家裡準備好：

- 狗狗要吃的飼料，如果是幼犬，飼料要先泡軟。
- 充足且方便取用的乾淨水。
- 準備好睡覺的地方，冬天注意保暖、夏天注意通風，但不要直吹冷氣或直射太陽。
- 多準備一些尿尿墊或報紙。
- 可以放一些玩具或零食讓狗狗不那麼緊張。
- 把家裡危險的物品收齊，像是電池、鈕扣、藥品、清潔劑等。

6 狗狗回家了！要注意哪些事呢？

- **身體檢查及疫苗施打**
  辦收養手續時，送養人會先跟你說明狗狗疫苗施打的狀況，若是都還沒有施打過，回家前可先帶去獸醫院，做基本的檢查及體內外驅蟲。14 天後若無恙，再依周歲時間施打預防針。

- **溫柔安撫**
  回家的路上，他可能坐立不安或動來動去，請溫柔耐心地安撫他。

- **環境適應**
  回到家後，不用為了讓狗狗感到親切就不停逗弄他或找他玩耍，剛到陌生環境看見陌生人，狗狗一定會緊張害怕，若是此時動作太過激烈，會讓狗狗亂竄或是大小便失禁。安靜地陪伴，讓他慢慢熟悉環境就好。

- **嗚咽嚎叫**
  頭幾個晚上，狗狗因為不習慣，一定會嗚咽嚎叫！請要有心理準備

頭幾個晚上你可能會無法安眠。狗狗哭叫時可以輕聲制止並安撫，但絕不可以斥喝，幾天後，這樣的狀況就會慢慢好轉。

- **不要急著洗澡**
  剛換環境會讓狗狗的免疫力下降，縱使是流浪狗，也不要急著幫他洗澡，先讓他適應環境，確定沒有拉肚子、打噴嚏、不吃不喝及精神渙散後再來洗香香。若有上面的情況要趕快帶給醫生檢查喔。

- **讓他自在的排泄**
  在這陌生環境，他根本不曉得哪裡尿尿、便便才是對的，尤其是幼犬，還不能控制排泄，所以這時期辛苦一點，先讓他們自在的、想在那裡解決就那裡解決，我們事後再去清理。但這樣的狀況不能一直持續，狗狗熟悉環境並能開始與你們互動後，我們就要來訓練大小便了。

⑦ 怎麼訓練大小便？

剛回家的狗狗，除了吃飯與運動，我會先讓他們自由的在我限制的範圍內大小便——是限制的範圍喔，若是沒有限定一個範圍，那你很難在諾大的家裡找到他們所有的排泄物……比如你可以先把某個區域用小柵欄圍起來，或是先把他們的行動控制在某間房間裡。這樣會持續大約 2～3 禮拜。接下來：

- **在這個限定區域的某個固定一角，放報紙。**
  這時候需要你們每天撥出幾個小時耐心的盯哨。若狗狗在報紙以外排泄，馬上用不高興的語氣制止，記得表情嚴肅，讓他感覺「事情

好像不太對」；若是狗狗剛好在報紙上面大小便，立刻給他鼓勵以及小零食做獎勵。一開始報紙鋪的範圍可以大一些，等他慢慢知道要在報紙上面大小便時，就能漸漸縮小報紙面積。

- 報紙排泄法持續一段時間並試著換位置。
  狗狗都能正確地在報紙上排泄後，我們就能試著把報紙移到其他地方，看看他是不是也都能找到報紙來解決。有一次小歐蹲下屁股正準備便便時，放在陽台的報紙剛好被風吹著跑，小歐竟然也能跟著報紙邊移動邊便便！這就代表這個動作已經制約得很成功了。下一步，要訓練他們外出散步時才便便囉。

- 散步時，把排泄過的報紙一起帶出去。
  能夠不要在家裡排泄是最好的了，如果你可以每天有固定時間帶狗狗外出散步、運動，那就訓練他在外面大小便吧！外出時，拿一個袋子把狗狗排泄過的報紙裝好一起帶出門，然後在外面選擇一個適當的地點把報紙放上去──盡量選擇草地、草叢邊，未來才不會讓狗狗在人行道或馬路大小便。
  盡量誘導狗狗去聞他排泄過的味道，這需要一點耐心。因為環境有著大大的不同，狗狗沒辦法一次就領悟那是可以便便的地方。但隨著他嗅到自己熟悉的氣味，漸漸地也會想在上面解決。幾次之後，就不需要再把報紙帶出門，狗狗也能順利在外大小便了。

⑧ 狗狗收編大成功！

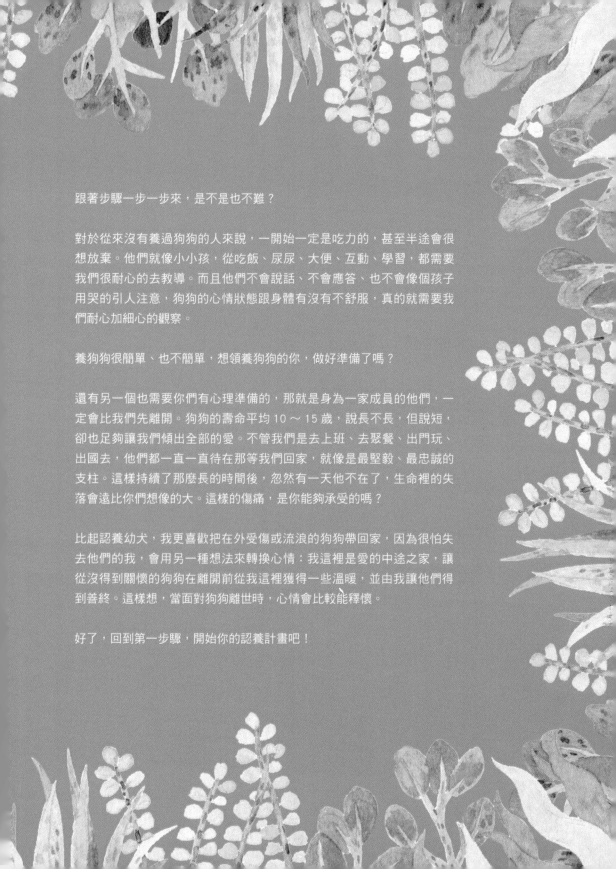

跟著步驟一步一步來，是不是也不難？

對於從來沒有養過狗狗的人來說，一開始一定是吃力的，甚至半途會很想放棄。他們就像小小孩，從吃飯、尿尿、大便、互動、學習，都需要我們很耐心的去教導。而且他們不會說話、不會應答、也不會像個孩子用哭的引人注意，狗狗的心情狀態跟身體有沒有不舒服，真的就需要我們耐心加細心的觀察。

養狗狗很簡單、也不簡單，想領養狗狗的你，做好準備了嗎？

還有另一個也需要你們有心理準備的，那就是身為一家成員的他們，一定會比我們先離開。狗狗的壽命平均 10～15 歲，說長不長，但說短，卻也足夠讓我們傾出全部的愛。不管我們是去上班、去聚餐、出門玩、出國去，他們都一直一直待在那等我們回家，就像是最堅毅、最忠誠的支柱。這樣持續了那麼長的時間後，忽然有一天他不在了，生命裡的失落會遠比你們想像的大。這樣的傷痛，是你能夠承受的嗎？

比起認養幼犬，我更喜歡把在外受傷或流浪的狗狗帶回家，因為很怕失去他們的我，會用另一種想法來轉換心情：我這裡是愛的中途之家，讓從沒得到關懷的狗狗在離開前從我這裡獲得一些溫暖，並由我讓他們得到善終。這樣想，當面對狗狗離世時，心情會比較能釋懷。

好了，回到第一步驟，開始你的認養計畫吧！

狗狗 那麼好懂

1. 年齡令 How old are you?

2. 食物 yummy yummy

3. 習性 What are you doing?

4. 心情表達 How are you doing today?

5. 智商 So smart!

6. 健康表徵 Are you ok!?

7. 發情 It is time to……

麻糬剛來時才二個月大，軟軟黑黑的、
小小一團，就跟一顆  黑色麻糬一樣，
所以叫他歐馬幾（黑麻糬），因為又黑
又小，常常找不到他……

起床了

麻糬你在哪裡!?

吃飯囉!

ma gi

麻糬你在哪裡!?

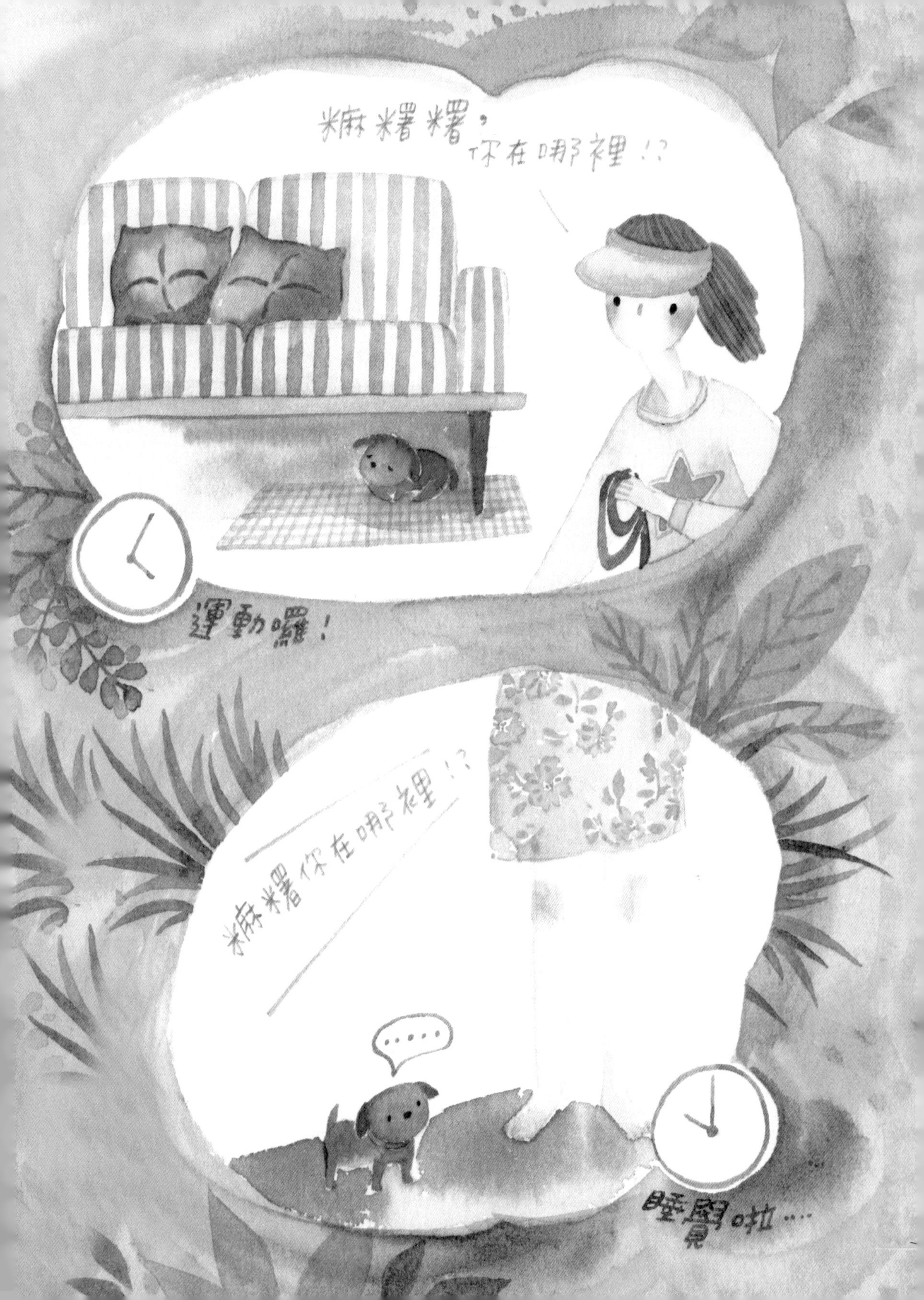

糲糬糬，你在哪裡!?
運動囉！
糲糬你在哪裡!?
……
睡覺啦…

黑麻糬初來乍到時，我很不喜歡他。

差不多是他來的前幾個月吧，養樂多在花園裡玩耍時，脖子被吊掛的碎布纏繞而窒息死亡，那是一個可怕的意外──一個因為我們不夠留意生活環境而發生的可怕意外。養樂多那就像養樂多一樣溫和軟潤的小小影子，一直被我刻在心裡揮之不去，尤其是當我想像著他發生意外當下的慌張與無助，我的心更被用力地掰成一塊一塊。那陣子，眼眶總是溼溼答答，乾不了。就在一顆心還破破碎碎時的某一天，阿姨一家從南部驅車前來拜訪，隨車，還帶了一個黑黑的小東西。

那小東西真的很黑。

他這裡聞聞、那裡嗅嗅，把小小的頭伸進鞋子裡，把短短的手伸向每一個人，好像自己的家、毫不陌生。阿姨說，那是表哥前幾天在一處廢棄軍營發現的，當時有一整窩剛出生的黑黑小浪浪，表哥蹲在軍營的鐵籬笆外，伸著手問：「你們誰想跟我回家啊？」說也奇怪，這句話才講完，每隻狗狗都一溜煙地回頭往草叢裡鑽，只有一隻毫無畏懼、直直地往表哥伸出的手走來，然後乖乖地跟著回家。那天，阿姨一家很晚才離開，心裡還放著滿滿養樂多的我，一直到他們離開前，都沒有問起那黑黑的小東西究竟是要幹嘛？「那麼黑」是我對他的唯一的評價。

第二天，天剛剛亮，我被一種很久不見卻熟悉的感覺喚醒，好像是一點點的期待，想著，不知道那個「那麼黑」的小東西有沒有被留下來？起床後，我假裝蠻不在乎地這裡走、那裡晃，實則暗地尋找，終於在一個矮櫃的角落旁，看見一團黑黑的東西微微蠕動，還大膽地用他那黑得晶亮的小眼睛直瞪著我看。是「那麼黑」！他沒有走！我心裡一點點的期待膨脹成一大團的興奮，好像在那一瞬間，就喜歡上他。

那天晚上，我夢見自己蹲在一處廢棄軍營的鐵籬笆外，看著籬笆內一窩剛出生的小浪浪，在跳動身影與雜草晃動中，我與其中一隻「那麼黑」的狗狗四眼對望，我與他之外的世界都變得模糊，只有那盯住的眼神明亮，接著，腳步輕輕的，他慢慢往我走來。

他是麻糬，黑黑軟軟的「那麼黑」黑麻糬，從那一天起，跟我一起走過了 15 個四季變換。

1. 年齒令 How old are you?

狗狗平均壽命在 10 ～ 15 年之間，最長壽的紀錄是高齡 21 歲。他們的壽命與生活方式、品種、體型、飲食及環境等都有很大關係。也有研究指出，黑毛狗比其他毛色的狗狗壽命要來得長！毛髮烏黑的黑麻糬如果沒有生病，應該可以陪伴我更長時間。

大型犬　德國狼犬、黃金獵犬、拉布拉多、哈士奇、大麥町、秋田等都是大型犬。大型犬在出生後約 5 ～ 6 年便慢慢進入老年期，他們的壽命比中小型犬短一些，約 10 年左右。

中型犬　鬆獅犬、法國鬥牛犬、沙皮狗，還有擁有漂亮屁股的柯基等，屬於中型犬。他們在出生 7 年後開始衰老，壽命約 10 ～ 13 歲。

小型犬　像是玩具貴賓、雪納瑞、博美犬、吉娃娃、柴柴等是小型犬。小型犬的壽命較長，在出生後 8 ～ 9 年進入老化，平均壽命都能達到 13 歲以上。

但狗狗的年齡與體型並不是絕對，平常與他們的相處方式、醫療照顧以及日常活動力，都有可能改變狗狗的生命長短。黑麻糬從小能自由自在地奔跑，且家人總時時陪伴在他身邊、與他玩耍，雖然他在最後的時光生了一場辛苦的大病，但也快樂地活到了 15 歲，算是很長壽了呢！

2. 食物 yummy yummy

狗狗吃東西狼吞虎嚥，看起來好像什麼都吃、很好養，但其實狗狗的飲食大有學問，尤其他們每天吃下肚的食物都是由我們準備的，為了他們的健康，我們更應該多加把關。

3 個月以前：剛出生的幼犬，沒有辦法忍受飢餓，請少量多餐，一天約分四餐餵食。

3 ～ 6 個月：這時期快速的長大，非常需要營養，同樣一天四餐，但份量要慢慢增加。

6 個月以上：接近成犬後，一天可分早、晚兩餐餵食就好，份量請參考下面表格。

☑ **除此之外，一定要準備充足、乾淨的水，供狗狗隨時飲用。**

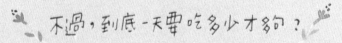
不過，到底一天要吃多少才夠？

有些飼料外包裝會印有供給食量的參考，但有時候，那些參考數字多少含有一些商業上的考量。若真的按照那樣的給食量餵食，那養的就不是狗，是豬了。網路上可以查到許多狗狗食物總量的換算法，但一看那些落落長的計算公式跟卡路里數字，實在頭昏腦脹，我以乾飼料為基準，整理了一個比較簡單的參考方式：

狗狗體重	一日飼料的總量
3 ～ 5 kg	60 ～ 100 g
6 ～ 12 kg	100 ～ 170 g
13 ～ 20 kg	180 ～ 250 g
21 ～ 30 kg	260 ～ 350 g
31 ～ kg	350 ～ g

這是一個可以快速參考的乾飼料食量，但還是要以狗狗的食慾、活動力、排便量及提供的糧食熱量來增增減減。若提供濕飼料或鮮食，因為水分含量較高，總重量可以再增加 30 ～ 80% 的克數，但最主要還是要觀察食物中的含水量高低來做調整。

飼料

一般會把乾飼料作為狗狗的主食，除了方便，它的內容成分也都經過特別調配與計算，如蛋白質、礦物質、脂肪、維生素等都已搭配均衡，我們不用再另外費心添加。且乾的飼料比濕性食物更不容易讓牙齒生垢，對容易牙結石的狗狗較好。

- 4 個月內的幼犬，乾飼料請先泡軟再餵食。
- 觀察狗狗的便便是否過硬過稀？味道不好？甚至連毛髮都變得粗糙沒有光澤的話，那可能就是目前的飼料不適合他，可更換不同廠牌試試看。
- 有許多機能性、功能性飼料可以選擇，像是關節保健、腸胃保健、皮膚病專用、幼犬或高齡犬適用等，也有添加乾燥蔬菜的款式，讓狗狗充分攝取纖維質。
- 若買大包裝飼料，記得做好防潮處理或事先分裝成小包使用，才不會讓飼料變質。
- 以乾飼料作主食，一定要記得讓狗狗多補充水份。

以內臟、肉類為主的罐罐通常都做得很香，對狗狗的吸引力絕對大於乾飼料，但不建議作為主食，一方面它的營養性沒有乾飼料那麼全面、一方面也容易造成狗狗牙垢與偏食。罐罐可以拿來做他們的副食、獎勵、零食，或生病沒胃口時的替代品。

- 罐罐裡的肉類為了保存，有些會添加許多添加物，購買時請注意成份標示。
- 太常吃罐罐容易讓狗狗挑食，請不要長期讓狗狗食用，不然很難換回乾飼料。
- 罐頭容易造成牙垢、牙結石，吃完後要加強口腔清潔。
- 除了機能性罐頭可以選擇，另外也有看得見肉塊的蒸鮮食，內容物較單純、無色素。
- 罐頭品質的好壞差異很大，挑選前一定要多做功課，免得讓狗狗傷身傷腎，還記得幾年前一個知名品牌爆出的狗狗食安危機嗎？太可怕了。

為了讓粿粿吃得香香，
我會把飼料跟罐罐混合在一起

飼料＋1/3罐罐

烤

能逼出肉類油脂，且香味明顯，狗狗們很喜歡

煎

用不沾鍋或放少許油來煎煮，請盡量控制油量

蒸

蒸的方式能保留水份，讓狗狗進食中順便補水

鮮食是指，把新鮮食材加熱、料理過後的食物，可以有肉類、蔬果、根莖類、蛋等。最大的好處，就是使用什麼食材我們都清楚、不會有化學添加物。自製鮮食雖然麻煩耗時、要注意的地方也不少，但狗狗通常看到鮮食上桌，都會眼神閃閃發亮、非常興奮，看到他們開心、我們也開心。

- 以肉類為主，牛、豬、雞、魚肉都可以，再搭配一些蔬菜、澱粉，內容就能很豐富。
- 鮮食因含水量高，所以份量要比原本餵食的乾飼料量多 30 ～ 80%。
- 可以一次多煮幾餐，按餐分裝冷藏或冷凍保存，因為不含添加物，建議一次不要準備超過 1 星期的量，免得變質，反而讓狗狗吃了拉肚子。
- 可與乾飼料做搭配，一半鮮食、一半飼料，讓營養獲得均衡。或以天數來區分，1 星期提供 2 ～ 3 天鮮食，其餘給予乾飼料。
- 要特別注意能吃與不能吃的食物，後面會列表，你們可以拍照或影印下來參考。

狗狗的身體構造、機能與我們不同，許多對我們好的食物，對狗狗卻是大傷害。幫他們做鮮食前，一定要先弄清楚他們什麼能吃、什麼不能吃，而不是一股腦地只做我們自己愛吃的料理。

狗狗能不能吃!?

絕不能吃!	辛香料	如辣椒、胡椒、芥末、七味粉、薑、蔥、韭菜
	蔬果	葡萄、葡萄乾：含多酚物質，容易引發腎衰竭 洋蔥：含二硫化合物，會破壞紅血球正常代謝，形成血尿
	零食	巧克力：巧克力含生物鹼，對狗狗的傷害非常大 油份太高的蛋糕或餅乾：油份太高容易胰臟發炎 夏威夷果與核桃：致毒原因不明，但中毒案例層出不窮 牛皮骨：拜託！不要再給狗狗吃牛皮骨，後面會另外介紹
	others	培根、香腸、鹹酥雞、火腿、咖哩：鹽份太高 雞骨、魚刺、易碎的骨頭：容易讓狗狗噎到或刺穿腸胃 咖啡、紅茶：狗狗心跳本來就快，咖啡因食物易導致心律不整 生蛋白：可能讓狗狗掉毛、引發皮膚病 水果果核：籽和果核含有氰化物，對狗狗來說是致命毒物
適合吃的	肉類	狗狗本來就是以肉類為主食，各種肉類都能替換著給他們吃。
	蔬果	除了上述一定不能吃的蔬果外，大部分蔬果能幫助狗狗腸胃道消化，並攝取維生素與礦物質。但狗狗還是以肉類為主要食物，蔬果可以少量細碎的搭配在食物或飼料中，能夠掩蓋蔬菜的青澀味。
	澱粉類	白米、胚芽米、麵條、燕麥、大豆、薏仁、地瓜、馬鈴薯等，都能適量搭配在鮮食裡讓狗狗換換口味。
	others	玉米、昆布、海帶芽、牛奶、芝麻、適量魚油，這類食物有較明顯的氣味，酌量放進鮮食中或混進乾飼料裡，可以增加狗狗每日餐飲的風味變換。
對狗狗很好!	熟雞蛋	高營養且助消化，大部分狗狗都很喜歡熟蛋黃的味道。
	蘋果	富含維生素 A、C，保健腸胃，增加纖維量。
	南瓜	有豐富的纖維和 β 胡蘿蔔素，加進鮮食裡面，顏色漂亮、味道也好。
	紅蘿蔔	維生素 A 能讓毛髮光亮、幫助傷口修復與癒合。
	鮭魚	豐富 Ω3 脂肪酸，可強化免疫系統、維持皮膚健康，還能改善過敏，但記得一定要煮熟並挑淨骨刺，盡量避免生食。

比較空閒時，
我會自己做鮮食讓糍糬換換口味，
這份是我很常使用的食譜，又快又簡單！
可以一次把一個星期的份量做起來，
要吃時從冰箱拿出來回溫一下就好 ☺

糍糬的食譜

〈1〉絞肉

雞肉 or 豬肉都可以，
若用豬肉，記得要用瘦肉，
份量就看想一次保存多少來斟酌

〈2〉蛋
2-3顆

〈3〉芹菜
　　也可換成南瓜、紅蘿蔔 or 波菜，
蔬菜的份量不用多，切得細細碎碎的，
狗狗適口也好吸收，

上面的材料充份混合後，放進烤箱 180℃/30min 烘烤，
再取出放涼就可以了！

☆零食

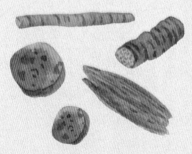

肉乾類

餅乾類

就跟小孩一樣，狗狗偶爾能吃上一口零食就會非常開心。狗零食依據不同的種類，有不同功能，像是肉類製的能促進食慾、餅乾類的通常有添加益生菌或其他機能元素、難咬的讓狗狗打發時間、較硬的則能幫助去除牙垢。其他像是訓練、獎勵、制約等互動，零食都是超級好幫手。

- 這裡的零食是指狗狗專用零食。我們吃的調味都太重，不適合給他們吃。
- 控制零食量，他們再瘋狂也不能當作主食提供，會讓狗狗偏食或再也不吃正餐。
- 狗零食品質參差不齊，一定要看清楚成份及來源，避免過多添加物及色素。
- 餅乾類的零食通常都有添加油脂，但油份太高對狗狗不好，請斟酌餵食的數量。
- 可以自己買雞胸肉，用烤箱 70℃低溫烘乾 3 小時。這是最健康、天然的狗零食了。
- 零食的份量，一天不要超過食物總量的 15%。

麻糬的 "握手、坐下、好吃、摸摸"
都是用零食訓練出來的～

潔牙骨

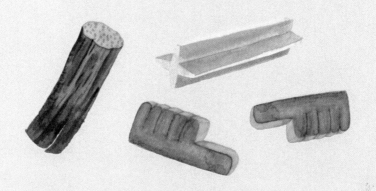

狗狗主要是利用口腔後側的牙齒咬食，這裡也最容易藏汙納垢。潔牙骨通常都做得比較硬，利用狗狗反覆咀嚼，使牙菌斑不易附著，也讓已經形成的牙結石經由磨耗而減少面積或變薄。但潔牙骨只是狗狗口腔的附加照護，最重要的還是要靠刷牙來保持口腔清潔。

- 潔牙骨絕對不是越硬越好，過硬會讓牙齒崩裂。以人的雙手可以折斷的硬度剛好。
- 餐後給予潔牙骨，以 1 天餵食 1 次為原則。仍以刷牙為主、潔牙骨為輔。
- 依照體型大小選擇不同尺寸的潔牙骨，不要選擇狗狗能夠一口吞下的尺寸，一口吞下除了容易消化不良，也很可能造成噎食、窒息。
- 選擇天然食材製成的潔牙骨，避免人工皮革製料或添加色素。
- 現在還有天然脫落鹿角的潔牙骨可以選擇，但因價格較高且使用不普遍，效果還不曉得好不好，你們也可以給喜歡咬食的狗狗試試看。

拜托！不要再給狗狗吃牛皮骨了！

It's the deadliest chew toy!

牛皮骨是皮革，不是骨頭

小時候的小小歐很調皮，我為了專心工作，也會買這樣耐咬又可愛的牛皮骨給他打發時間。後來無意間看到關於牛皮骨的報導，才知道這是一個多可怕的產品！它不是任何肉類、骨頭的副產品，根本是皮革製品！。我實在驚嚇這樣化學又完全沒有營養與好處的東西，為什麼會出現在各大小寵物店、甚至是獸醫院？我想一定有許多人跟我一樣，在不知情的情況下把這樣的毒藥買給自己的狗狗吃，還吃得津津有味、欲罷不能。究竟有多少人知道牛皮骨的真面目？

牛皮骨的化學成分

漂白水、防腐劑、黏著劑、染劑等。

牛皮骨的製作過程

1. 去毛防腐

牛皮送到製革廠處理之前，為了不讓它腐壞，會先浸泡在化學藥劑裡面保存，接著，使用碳酸鉀或是劇毒的硫化鈉把附著在皮革上的毛髮和脂肪去除。

2. 淡化漂白

去除毛髮後的皮革，顏色不好看，這時候就會用化學溶液或漂白水漂白，好淡化醜醜、不均勻的皮革色，這就是為什麼有些潔牙骨如此白淨。

3. 染色增味

有些標榜煙燻、燒烤口味的潔牙骨，總不能還是白白一根，別以為真的是用醬油炙燒，廠商炙燒的原料是褐、棕、黃、橘的染劑，再添加一些人工調和的氣味，讓狗狗和我們更誤以為潔牙骨是好吃美味的食物。

4. 黏著塑型

最後，將皮革凹折成如骨頭一般的形狀（市面上有凹成各式各樣的造型，像是甜甜圈、鞋子、長條棒狀等），為了不讓牛皮骨在狗狗啃咬過程容易鬆脫散開，就需要使用黏著劑來完美成形。黏著劑……真是不敢相信。

根本像是浸泡在化學藥劑中生成的牛皮骨，除了眼花撩亂的有毒成分外，這些難消化的皮革更可能在狗狗啃咬過程造成噎食窒息或刮傷消化道。天哪！我真是不敢想像過去竟曾給雙歐吃下那麼可怕的東西，讓我不禁想著，麻糬後來的肝腫瘤究竟與牛皮骨有沒有關係？

3. 習性 What are you doing?

為什麼亂亂叫？
為什麼一天到晚睡覺？
為什麼總是喜歡到處尿尿？？
為什麼出門散個步要這裡聞聞那裡聞聞？？
為什麼那麼喜歡咬拖鞋、咬桌腳、咬這咬那還咬人？？

你是不是很喜歡狗狗，可是總是有 100 個為什麼，對他們又愛又怕？其實他們很簡單、很好懂的，只是需要我們多一點的認識。掌握幾個主要的習性與特徵，我們跟狗狗就能和平相處、相親相愛。

黑麻糬有時候的行為很讓人摸不著頭緒又搞笑──像是把屁股貼在地板上滑行，或是在沙堆裡打滾，偶爾的調皮搗蛋也讓我生氣又無奈，還曾經狠狠地咬過我與家人。後來經過長時間相處以及慢慢的了解狗知識後，才發現麻糬表現出來的許多行為、動作，其實都與我們自身有很大的關係。或許正在表達他心裡所想，或許是想傳達些什麼給我們，也或許只是很單純地因為動物本能──如果是這一點，就真的不用太計較了。

每隻狗狗都有自己不同的個性，他們不能說話、只會汪汪叫，因此便發展出許多細微的表徵，而這些表徵要靠我們平日的觀察與關心去理解，才不會讓彼此的誤會越來越大、關係變得劍拔奴張。

尿尿

狗狗的尿尿除了排泄外，更重要的是領地劃分，也就是動物習性中的「占地盤」。他們的尿液、糞便及腳趾間的汗腺分泌都會有特殊氣味，用來做地盤範圍的記號。所以他們不會一次就把尿尿排乾淨，而是這裡滴一點、那裡滴一點，對於用量相當珍惜。

狗狗喜歡在電線桿尿尿，並不是對電線桿情有獨鐘，
而是因為先前已經有許多狗狗在這裡撒過尿，
他們想用自己尿的氣味加以掩蓋，以示雄風！

除了占地盤的動物習性，有時候狗狗亂尿尿是因為生理或心理方面的問題。若是發現他們在家裡隨地便溺，先不要動怒，觀察一下，是不是有什麼狀況，他們才會這樣做呢？

☑ 他正感到害怕、想示弱祈求原諒

有些狗狗會在害怕或是感覺受到威脅時，用尿尿來示弱，告訴對方自己是服從的、是沒有危害的。比較膽小、曾被虐待或是收容所帶回的狗狗，常會伴有這樣的情況。這時候請不要斥喝，而是要他們知道：沒有關係、不要害怕，我們再試試看。訓練尿尿的方式在 P27 有完整介紹。

☑ 年紀大了或是疾病感染

高齡犬因為認知退化、身體機能等問題，容易頻尿或無法忍尿，也可能因為疾病的狀況而漏尿，像是尿道感染、膀胱結石、腎臟病等。若是家裡的狗狗不是高齡犬，卻又常常隨地尿尿，那就要注意是不是因為生病了才讓他們無法克制。

☑ 心慌慌很焦慮

如果狗狗平常表現良好，就只有在你不在時才失常尿尿，那很有可能是分離焦慮的關係。你長時間在外上班，獨留在家裡的他們會感覺孤獨、緊張、焦慮，這種難熬的情緒壓力，他們就想用尿尿來釋放。另外，陌生環境或突如其來的聲響——像是隔壁家施工——也有可能會讓他們尿尿失常。

制止牠們亂尿尿的辦法

狗狗是動物，就像 2 歲的小孩，他們當然不知道世界上有馬桶這種裝尿尿的東西。不要讓他們的不懂，傷害你們之間的感情，甚至把關係弄得緊緊張張。多一點耐心，只要反覆幾次訓練，通常長大之後，他們就會遵循一定的尿尿規則。

1. 先找出原因，再對症下藥

先觀察是哪種原因讓狗狗亂尿尿，比如既不是高齡犬、又沒有分離焦慮、也不是一隻膽小的狗狗，那可能就要懷疑是不是身體出狀況，趕緊帶他去獸醫院做詳細檢查。

2. 當場當下制止

狗狗瞬間記憶很短，如果回家後發現尿漬才責罵，他會一頭霧水完全不知道你為什麼生氣。把握當下，一看見狗狗亂尿尿就馬上制止，這樣效果最好。不過為了不要傷害彼此感情，我不是用責罵的方式，而是在麻糬亂尿尿的時候，用力敲一下桌面，發出讓他嚇一跳的聲響，他就會把「尿尿＝碰！＝唉唷好可怕」做連結，下次就不敢亂來。

3. 用獎勵代替處罰

這本書我會一直提到「用獎勵代替處罰」這件事，因為放在狗狗身上真的太好用了。比起擁有是非觀感的人類，單純的狗狗沒有那麼複雜的思考系統，只要在他做對事情時給他一點鼓勵或好處，他就會永遠記得這個連結。尿尿的訓練也是，他在對的地方尿尿就馬上鼓勵他，幾次之後，他自然而然就會到你想要他上廁所的地方尿尿了。

雖然尿尿也是狗狗做記號的武器，但還是跟我們一樣，一段時間就必須排泄，習慣外出才尿尿的狗狗，只能在你們帶他出門散步時才能解決，不要讓狗狗憋尿憋得太久，不然除了可能在家裡就地解放外，也會對身體健康有影響。狗狗尿尿的間隔可以參考：

剛滿月幼犬	每小時尿一次
六個月內幼犬	約兩小時尿一次
六個月以上成犬	可憋尿 6～8 小時
高齡犬或生病犬	可憋尿 4～5 小時

✩ 翻肚子

狗狗的動作跟姿勢千奇百怪，其中露肚皮應該是最討人喜歡的姿勢。炎炎夏日，有些狗狗在睡覺時喜歡像人一樣躺著露出肚皮，因為舒服又涼快。不過，除了睡覺時露肚皮，有時狗狗忽然一個轉身、躺下露出肚子，又是為什麼呢？

- 肚子是狗狗最脆弱的地方，平時不會隨便讓它見光，但若遇到值得他信任或感覺很安全的人，就會露出肚皮跟對方撒嬌。若是哪天你的狗狗忽然躺下露肚子，趕快摸摸他，代表他全心全意地把自己交給你囉。

- 有時候他們做錯事或是被你責罵時，也會忽然躺下，用肚子向你求饒，這時要先穩住原先生氣的氣勢再告誡他幾句，然後才摸摸他的肚子表示原諒，這樣才不會讓他覺得一翻出肚子就能船過水無痕。

- 如果常常露出肚皮讓你摸摸的狗狗，忽然都不做這個動作時，就要觀察他是不是肚子正不舒服或是脊椎有問題。麻糬生病後期瘦得皮包骨，就無法再躺下讓我摸肚子了。

- 如果陌生狗狗對你露肚子，先不要急著摸他，有時這是他們對陌生人遲疑、警戒的動作，表示：我先示弱，你不要對我怎麼樣喔，如果你攻擊我，我一個彈跳就能咬你。

- 狗狗之間玩耍，比較弱勢的一方也會躺下露出肚子，表示屈服或迎合。

☆睡眠

你為什麼整天一直睡?!

上班一整天,好不容易晚上可以補眠,可是家裡狗狗卻精神超好、擾人清夢;放假了想跟狗狗在家玩一整天,可是大白天的,他卻一直一直睡覺?狗狗的睡眠跟我們不一樣,擁有狩獵基因的他們,大部分習慣晚上活動、白天休息,且睡眠時間不固定、不連續。

- 狗狗睡覺沒有固定時間,而是斷斷續續地睡。比較集中的深睡時間會落在中午左右及凌晨 2～3 點。

- 成犬一天的睡眠時間需要 12～15 個小時,幼犬、生病犬及高齡犬會睡得更多,有時一天 20 個小時都在睡覺休息。所以請不要以為他們太懶惰而常常把他們挖起來活動,無法得到充足的睡眠,長期下來會對他們的健康有影響。

- 悶熱的夏天會讓狗狗一整天昏昏欲睡,進入秋冬後精神則比較好。

- 狗狗熟睡時身體姿勢會很放鬆、手腳微微抽動、發出夢囈般的聲音,這時候不要忽然去觸碰他們,受到驚嚇的狗狗很可能直覺反應就往你身上咬一口。若需要叫醒他們,可以先試著發出聲響或叫叫他的名字,讓他有心理準備再緩過神來。

- 如果不希望狗狗在三更半夜擾人清夢,可以在白天時利用運動、遊戲讓他多消耗體力,這樣他晚上就會乖乖入睡了。

很多人不敢親近狗狗，就是怕被那一口利牙咬到，被咬的人無辜，但是咬人的狗狗其實也總是很冤枉。不同的品種雖然會影響狗狗的兇惡度——比如大家都公認戰鬥力很強的獒犬、杜賓，但絕大部分的狗狗是不會隨便咬人的，除非我們觸碰了他們的底線。

有一些錯誤的觀念，我們需要先導正自己：

☑ 有絕對不會咬人的狗狗品種？

有些品種的確比較懂事、溫馴，但是狗狗畢竟是動物，基因裡還是有許多動物的野性本能，不管是大型犬或小型犬、從小養或半途養、品種犬還是米克斯，都有可能咬傷人，最重要的是，我們要先想想是不是自己的問題，才讓他們動口咬人。

☑ 他平常很溫馴，不會咬人？

狗狗對自己認定的主人很忠心也很依賴，如果不是什麼天大的事，他們不會去咬自己的主人。但我們不能因此就以為自己的狗狗失去咬人能力。若是遇上陌生人，或是讓他沒有安全感的人事物，為了保護他自己，還是有可能會出現攻擊的行為。

糯糯每次不小心咬人之後，
都會覺得既抱歉又內疚，
沒關係，我還是很愛你啦！

Sorry......

狗狗為什麼咬人？

1. 他其實很恐懼

狗狗對人類還是帶有畏懼的，尤其是曾受過虐待的狗狗與浪浪，很少得到我們關懷的他們，自我保護的防衛心自然很強，若有讓他感到威脅的事物，就會本能的反撲。遇見這樣的狗狗，慢慢地靜靜走過就好，不要故意挑釁，不然被咬只能說是自己活該。

2. 受到驚嚇

黑麻糬黑黑一團的，又很喜歡在沒有開燈的門口睡覺，我曾經在他睡覺時不小心踩到他尾巴，小腿被咬了一口！非～常～痛。突如其來的驚嚇會讓狗狗反射性的攻擊，他們不是故意的，反射性的快速動作也讓他們自己來不及思考。所以若是這一類的攻擊，事後他們都會非常愧疚。

3. 佔有慾

狗狗擁有的東西不多，所以對自己能擁有的一點事物，會生出很強的佔有欲，比如他窩著的小狗窩、正咬著的骨頭、或是陌生人闖入他的領地範圍（家）。這些都會激起他們的保護意識、進而攻擊。所以請記住：

- 狗狗正在吃東西時，不管你跟他有多熟，都不要摸他，這很重要。
- 狗狗窩在自己的角落時，比如桌子底下、紙箱裡面，不要把手伸進去。
- 到陌生的地方，若狗狗開始吠叫，請趕快離開，他的吠叫是第一步，你再不走，他就會開始進行第二步──攻擊。
- 請遠離正在照顧狗寶寶的母狗，為了保護孩子，她的戰鬥力會全面提升。

4. 發情期到了

1 年 2 次的發情期，狗狗會躁動不安、容易傷人，盡量不要去惹這時期的狗狗。

✡ 咬這咬那

弄懂了狗狗咬人的原因後，另一個讓人頭痛的問題就是咬東西了。狗狗真的很愛咬東西，沙發、桌腳、電線、拖鞋，無所不咬，有一次我回家後看見一整疊待兌獎發票被咬得爛爛的、天女散花一般遺落家裡各處，忍著把小小歐揍扁的衝動清理了老半天，我都不敢想裡面到底有沒有中獎發票——結果當晚睡覺還夢到自己中頭獎。但咬東西是狗狗的天性，在被人類養養前，他們要追捕獵物才能生存，保持一口強健有力的牙口是維生基本。現在沒有獵物可以追捕，家裡就成為他們磨牙的戰場。

狗狗為什麼咬東西：

☑ 幼犬長牙

大約 4 ～ 6 個月大時，狗狗會開始換牙，換牙時的口腔會很癢、很不舒服，他們就會開始找東西來磨牙止癢。這時期真的什麼都咬，就連遺落在地板上的橡皮筋，他們也能咬得津津有味。所以東西一定要收好、家具底部記得包好，渡過這時期後，狗狗就不太會亂咬東西了。

☑ 好無聊，打發時間

主人不在，獨留在家裡的他們很無聊，咬咬東西來打發時間是很好的娛樂。

☑ 焦慮

狗狗也會利用咬東西來釋放壓力，若家裡的狗狗沒來由地忽然亂咬東西，可以想想是不是最近有什麼事讓他感到焦慮？比如太久沒有出去運動，或是家裡來了其他寵物讓他感到備受冷落。

☑ 想念你

有時候狗狗亂咬家裡東西是他對你愛的表現。

因為那個物件上面有你的氣味，你不在時，因為想念，就咬咬那東西來取代跟你玩樂的滿足感。所以，看見狗狗正在咬你的衣服或是鞋子，是不是該感到欣慰：D

怎麼避免狗狗亂咬東西？

1. 滿足他的失落

如果是因為他無聊打發時間或是因為寂寞焦慮所以才亂咬東西，那你們多一點的陪伴跟關心就變得很重要了。在家時，多跟他互動、說說話，縱使他聽不懂也能感覺你對他的重視；離開家後，留一些可以讓他打發時間的玩具、咬繩——最好有沾染你的氣味——都能避免他破壞家裡的物品。

2. 發洩他的精力

除了多陪伴他，也可以多帶他出門散步、運動，狗狗外出時的警戒、撒尿占地跟四處嗅聞，都能讓他們消耗不少精力。如果可以，再加上跑步或是你丟我撿這種大活動量的遊戲，那狗狗回家時就只會想要好好休息，身心靈都得到滿足後，他就不會再亂咬東西囉。

黑麻糬雖然很有個性又總是行動優雅，
但有時候也是非常調皮！

他很喜歡這裡抓抓、那裡咬咬，
常常趁人不注意就偷偷把襪子咬進他的小窩裡，
不然就是把裝東西的紙箱抓得爛爛的……

咬人這件事也是，

一開始對麻糬的個性還不熟悉時，
我也常常傷痕累累，
比如他不喜歡人家做出伸手要東西的樣子，
也不喜歡窩在他自己的小窩裡時被打擾，
若有人犯了這些禁忌他就會很生氣！

不過，這就是他的底線吧！
了解他的底線後就能避開衝突，
然後，他就依然是一隻又帥又可愛的小黑狗啦！

4. 心情表達 How are you doing today?

不會說話的狗狗，卻有很豐富的肢體動作。遇到不同的狀況時，他們會用尾巴、身體姿勢來傳達心情，我挑選幾種較基本、明顯的特徵，讓你們可以多了解在這樣的動作下，原來狗狗的心情是如此。弄懂他們的心情表達後，我們就更能知道如何與他們互動，當然，還有許多很細微的動作表達，但那些需要你們跟自己的狗狗長時間相處後，依據狗狗不同的個性與習性，再來判別。

☆ 看看尾巴

大幅度左右擺動
當你靠近時，狗狗的尾巴如果自然地大幅度擺動，且表情輕鬆、笑著露出舌頭，代表他心情很不錯喔。

小幅度快速擺動
一樣是左右擺動，但速度快且幅度小時，代表他正警戒著某件事，帶有一些緊張與敵意，這時暫且別靠近他。

豎直不動且僵硬
尾巴向上直直不動，還伴隨露牙的凶惡表情，這是他在攻擊之前的警告動作，若你還挑釁他，他就要不客氣了。

自然垂下
狗狗被責罵或做錯事時，感到緊張不安，尾巴就會向下垂下。如果又垂頭喪氣、時不時用眼睛偷瞄你，那就是他真的超級愧疚，快給他抱抱吧！

夾緊尾巴
狗狗在受到威脅、覺得恐懼時，就會把尾巴夾在雙腿之間。夾起尾巴也能阻斷從肛門散發出來的氣味，避免讓其他狗狗知道他正在害怕。

看看身體

身體僵硬、尾巴豎起或水平

忽然聽到不尋常的聲響、感覺有陌生人或其他狗靠近時，狗狗會立刻站起來，身體保持不動、尾巴緩慢的下墜，然後仔細聆聽、觀察動靜。看見狗狗這個樣子，我們也能立刻保持警覺心，看看是否家裡有陌生人闖入了。

身體拱起、眼睛直視某處

當威脅越來越靠近或不尋常的感覺越來越濃厚時，原本僵直的身體會將背部慢慢拱起、尾巴向下直墜。這時狗狗的警戒狀態直升，若是在外遇見陌生狗狗有這樣的動作，請慢慢地走開，不要跑、也不要與他正面衝突。

身體拱起、齜牙裂嘴

如果拱起身體還皺起鼻子、露出牙齒、發出低吼的呼呼聲，狗狗已經很生氣啦！如果這時讓他感覺敵意的狀況沒有減退或消失，那下一步就是直接向前躍出、正面攻擊，此時的他戰鬥力破表。

屁股翹起、眼睛無辜發亮

相反的，若是壓低前腳把屁股高高翹起、眼神無辜，那是他想跟你說：我很喜歡你、跟我做朋友。若要更進一步親近，可以蹲下來與他平視，並摸摸他的頭、回饋愛意。

尾巴擺動、前腳抬起跳躍

狗狗開心興奮時，會快速搖動尾巴直直向你撲去、抬起前腳踢你一下再迴轉一圈，然後重複好幾次這個動作。有時候想邀請你一起玩遊戲時，也會有這樣的表現。

躺下露出肚皮、期待樣

若你的狗狗常常躺下用肚子向你討摸摸，代表他對你很信任、很依賴，想用這樣最沒有威脅性的動作撒嬌。快滿足他的慾望、摸摸他肚皮，讓你們關係越來越密切。

5. 智商 so smart！

狗狗不是一隻只會吃、只會拉、只會睡的絨毛玩具，他們很聰明的！

他們擁有人類 2～3 歲階段的智商，且經過教育、訓練之後，狗狗也會更聰明、更守規距。我也發現，常常與他們說話，並且花較多時間與他們相處，狗狗社會化的程度越高、越能聽懂我們發出的指令，也更能了解人類的語言意思與面部表情。不同的品種也會有不同的聰明程度，目前測得最高智商的狗狗，是達到人類 6 歲小童的階段，很了不起吧！

怎麼樣可以讓狗狗變得更聰明、更懂我們的心？

☑ **從小訓練**

從狗狗還是幼犬時就開始讓他們習慣我們的語言與口氣，比如高興與生氣時表現出不同的語氣，可以讓狗狗分辨他們是做錯事了，還是做得好棒棒。且幼犬的個性還沒發展完全，不會有「老油條」的狀況，這時候給予指令訓練的成效最好。但是記得一定要有耐心、慢慢來，把他們當作 2 歲的小孩看待。太過急躁或是讓狗狗覺得害怕、抗拒，反而會適得其反。

☑ **正向鼓勵與獎賞**

比起嚴厲的斥喝與打罵，具有歡樂性質的獎賞鼓勵更能讓他們良好學習。當狗狗做對了一件事、服從了一個指令時，給他一個小零食作獎勵或是用高八度的娃娃音讚美他、摸摸他，他們就會牢牢記住：「啊！原來這樣做會帶來愉悅與美味」，往後就會更奮力達到目標。不過狗狗的瞬間記憶很短，所有的鼓勵與獎賞最好在他們完成事件之後的 10 秒內給予，這樣的記憶連結才夠強。

☑ **簡短、肯定、獨特的字彙**

狗狗就像小小孩，對於太複雜或太迂迴的語言完全不明白，對他們下指令，字彙要簡單，比如「吃」會比「有沒有餓啊要不要過來吃飯呀？」要來得好。口氣上要肯定，狗狗正在做壞事時馬上用肯定的態度說「不行」，會比「這樣壞壞你覺得可以嗎？」更有效，千萬不要以為他懂你的暗示。你們可以跟狗狗發展出屬於你們自己的語言，這個字彙只有你們懂，這樣更能讓狗狗只對你親暱與服從。比如我問麻糬「大便了嗎？」是用「棒棒沒？」、「吃點心」是用「甜甜」，概念就像是交往中的情侶，只說些他們自己聽得懂的話那樣。

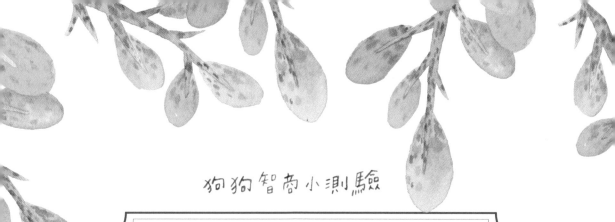

狗狗智商小測驗

經過一段時間的訓練與觀察後，透過幾個小問題就可以知道狗狗到底聰不聰明、究竟有沒有吸收我們辛苦的教導：

〈請將答案後方的數字加總起來〉

🦴 **狗狗聽見你打開食品包裝的窸窣聲，他會有什麼反應？**
　　1. 一聽見聲音就衝過來 ▶3
　　2. 沒有反應，除非直接看見你的動作 ▶1
　　3. 只有在餓的時候才跑過來 ▶2

🦴 **正在跑著的狗狗忽然被眼前的障礙物擋住，他會：**
　　1. 在原地不動向你求助 ▶1
　　2. 找其他空隙或路繞過去 ▶3
　　3. 往另一個原本不是目的地的方向走去 ▶2

🦴 **有陌生人來訪時：**
　　1. 無論是誰、要做什麼，先叫就對了 ▶2
　　2. 跑去躲起來 ▶1
　　3. 先看看你對陌生人的態度再做出反應 ▶3

🦴 **狗狗知道自己做錯事情時：**
　　1. 感覺抱歉又害怕，想找地方躲起來 ▶3
　　2. 理直氣壯又得意 ▶1
　　3. 躺下露出肚子討摸摸 ▶2

- -

　4 － 7 分：呆呆傻傻，不過還是好可愛

　7 － 10 分：比一般狗狗機靈，好棒棒

　10 － 12 分：狗才狗才，太聰明了快給他抱一下

6. 健康表徵 Are you ok!?

★ 鼻子

靠嗅覺稱霸的狗狗，鼻子對他們來說太重要了！從一個小小的鼻子狀態就能推敲狗狗的身體狀況。正常來說，他們的鼻子應該是一直維持濕潤的狀態，濕濕的鼻頭可以沾附更多氣味分子。但並不是鼻子會分泌什麼液體，而是狗狗藉由不停的舔拭鼻頭來保持濕潤。如果狗狗的鼻子乾乾的，那很有可能他身體正不舒服，所以沒有精力去舔拭鼻子。

狗狗的鼻子為什麼乾乾的？

☑ **剛剛睡醒**
睡覺中狗狗不會去舔自己的鼻子，所以如果是因為睡了一覺所以才讓鼻子乾燥，那這就不用太過擔心。

☑ **水喝太少了**
若活動量大但又沒有補充足夠水份，脫水的狀況也會讓鼻子變得乾燥。尤其是夏天，外出散步回來又待在冷氣房，很容易讓鼻子變乾、變硬。不要因為擔心狗狗尿尿就限制水分攝取，在水盆裡隨時補充足量的水，讓狗狗渴了就能找到水喝。

☑ **便祕**
便祕會引起上火，上火也會讓鼻頭乾燥。若你們沒有隨時觀察狗狗每天便便的狀態，那看見乾乾的鼻子，也想想是不是他最近沒有按時大便？

☑ **發燒、生病**
狗狗發燒時，鼻子也會乾乾的。把毛髮撥開觸摸他的皮膚，感覺是不是燒燙？若持續高燒不退、食慾及活動力都差、性格又暴躁，那就要擔心是不是傳染病引起。

若是發現狗狗鼻子紅腫、流膿、流血、有裂痕等情況，那就很嚴重了，趕快帶給獸醫檢查，盡早治療。另外，雖然濕潤是健康良好的表徵，但若是濕到像流鼻水一樣滴滴答答，那也要懷疑狗狗是不是有呼吸道疾病喔。

一身強韌有光澤的毛髮不只是好看，也是一隻健康狗狗應該擁有的。如果狗狗毛髮粗糙、容易斷裂，有可能是因為：

☑ 營養不良

食物太過單一、營養不足或是太鹹、太油，毛髮就容易暗沉或脫落。多樣化的食物以及「不調味」為原則，長時間調養就可以慢慢改善。若是狗狗天生皮膚狀況就不好導致毛髮不佳，也可以考慮補充一些維生素 E 及維生素 D。

☑ 環境、生活習慣不良

髒亂的環境容易讓狗狗孳生皮膚病，像是跳蚤、壁蝨、濕疹或是體內寄生蟲，都會讓毛髮失去亮澤，甚至禿落。以及，如果太少活動、日照不足也會影響毛髮生長，常常曬太陽除了對毛髮好、對狗狗的骨骼健康也很有幫助。

☑ 太頻繁洗澡

狗狗千萬不能像我們一樣天天洗澡，太常洗澡會把保護皮膚的油脂洗掉，不只毛髮會粗糙也會影響狗狗抵抗力、容易得皮膚病。那要多久洗一次呢？在 P95 會有更詳細的介紹可以參考，但粗略來說，以最少 1 週為間隔較好。

⭐ 為什麼吃草

帶狗狗出去散步時，你們會發現，有時候他們對路邊的雜草情有獨鍾，先是聞聞嗅嗅之後，就開始吃起來。對於狗狗吃草的行為，可以觀察，但不需太過緊張，長輩也都會傳承「狗狗身體不舒服會自己找草來吃」這樣的說法。狗狗從吃草中，不會得到太多養分，但也不至於有致命的壞處，只是有些地方還是要我們幫忙注意。

狗狗在吃草，怎麼了嗎？

☑ 胃不舒服

我們家 7 隻米克斯，每一隻都有這樣的本能。當他們吃了不乾淨或是不對的食物之後，先是會聽見他們肚子咕嚕咕嚕地叫，接著就會看見他們在花園裡尋尋覓覓，找草來吃。吃進去的草會在胃裡跟異物纏繞，不久之後會吐出來，或是跟著便便一起排出，然後就恢復正常了。過去狗狗在野外生存也是靠這樣來舒緩腸胃不適，他們自體修護的能力很強，吃過草後，如果不是嚴重的嘔吐就不用太過糾結。

☑ 缺乏微量元素

基於他們本身的機能與天性，如果身體缺乏某些營養素時，狗狗就會尋找特定的某種草來補充微量元素。像是長時間都只吃同樣食物的狗狗，外出時，就會積極地尋找他需要的植物。流浪狗也會藉由吃草、吃蔬菜或是水果等來充飢或補充身體需要的營養。

☑ 好奇或無聊

對啊！狗狗就是小小孩，出門之後對於外界的所有事物都充滿好奇。當他們吃下一口草後，會被那種清脆、青澀的口感吸引，下一次出門散步時，就會吃吃草來當作遊戲。或是長時間待在戶外的狗狗——就像我們家的七隻米克斯——為了打發時間，吃吃小草就很有趣。通常這種打發時間的吃草，都會在嚼一嚼之後馬上吐出來，跟腸胃不舒服的情況不同。

如果發現你們家的狗狗會吃草，不用急著嚴厲制止，偶爾讓他任性開心的做他想做的事，也能從中獲得愉悅。不過在吃草的過程中，要請你們幫忙注意：

- 草叢會有許多的寄生蟲，狗狗吃草時就會把寄生蟲、蟲卵一起吃下肚。所以定期的施打預防針及固定投藥驅蟲就很重要。
- 外面的草不比自家院子可以親身把關，很有可能被灑了農藥、除草劑或是殺蟲劑等。外出時可以觀察一下，若是草叢邊有死亡的昆蟲、小動物，或是附近雜草都死掉乾枯，那很有可能先前有噴灑過藥劑，這時就不要讓狗狗逗留，趕緊離開吧！

麻糬在最後生病的那段日子，
常常在院子裡找草吃，吃完一、兩個小時後，
就會連同一些黃黃的黏稠液體一起吐出來，
看著他小小的身體承受痛苦，
我的心裡也痛苦著……

7. 發情 It is time to……

黑麻糬曾有幾次搞失蹤的案例,除了消失大半日的貪玩外,有幾次就是因為發情季節,趁大家沒有注意時一溜煙偷跑出門,一跑就是兩三天,急死全家人。

每年 2 次的發情期,也是我們在與狗狗一起的生活中,需要注意的一件大事。一般狗狗在 7 ～ 8 個月大時,會進入第 1 次發情期,有的大型犬會延至 15 個月大左右。**這裡說的發情,主要是以母狗為主喔**,雖然公狗也會有發情的表現,但一般來說,公狗是在聞到母狗發情時,從陰道散發出來的氣味後,才會跟著發情。所以簡單說,沒有發情的母狗就不會有發情的公狗。

但你們可能會疑惑,鄰居或附近人家都沒有養狗狗,為什麼家裡的公狗還是像發情一樣躁動不安?別忘了狗狗的嗅覺是很厲害的,母狗發情時散發出來的誘惑味道,可以吸引方圓 1 公里內的公狗飛奔前去!

通常在春季 3 ～ 5 月份及秋季的 9 ～ 11 月份是狗狗的發情期,但他們並不是依照時序做季節性發情,而是以第 1 次發情之後,每間隔 6 ～ 8 個月為發情周期。

女生狗狗的發情周期怎麼觀察？

1. 發情前期

   這時是發情的準備階段，狗狗的外陰部開始腫脹，會有黏稠的鮮血滴落。因為生理變化的不舒服，會不停地舔舐私密部。此時狗狗表現得興奮不安、一直想找公狗玩耍，但這時期還不接受爬跨，約持續 7 ～ 10 天。

2. 發情中期

   最明顯可以接受公狗爬跨的時候。母狗遇到公狗時，會翹起尾巴、把臀部面向公狗主動求愛。這時狗狗已經開始排卵，散發出來的氣味讓公狗神魂顛倒，總會吸引周遭公狗聚集前來，約持續 7 ～ 16 天。

3. 發情後期

   狗狗陰部腫脹慢慢消退，興奮不安的心情也會安靜下來，這時候就不再接受公狗爬跨了。若沒有懷孕，那麼之後會進入完全沒有性慾的乏情期，直到下一次的發情。

發情時會有甚麼樣的表現？

☑️ **母狗**

除了陰部腫脹、出血的生理變化外，心情上也會開始焦躁不安、來回走動，脾氣變得暴躁。此時不愛吃東西，一餐食物要分好幾次才會吃完，但變得很愛喝水，也因此排尿的頻率增加。

☑️ **公狗**

聞到發情母狗的氣味後，公狗開始按耐不住、浮動不安，一天到晚想出門。個性開始霸道不講理、任性蠻橫。再嚴重一些，狗狗就會對家裡的桌腳、窗簾、甚至主人的腳做出不雅的跨騎動作，好宣洩高漲的情緒。黑麻糬有一件他自己的小被被，每到發情季節，那件可憐的小被被就成為他蹂躪的對象。

狗狗發情時期，我們一定要注意：

☑️ **母狗**

- 做好清潔：可以用沾過溫開水的毛巾幫狗狗擦拭出血的陰部，睡墊也要隨時保持乾爽、潔淨。這時期容易子宮蓄膿，若發情期過後，狗狗還是狀況不佳、食慾沒有提升且不停的喝水，那就要特別留意。
- 小心受寒：這時期盡可能不要洗澡，可以改用毛巾擦拭，擦完盡快讓毛髮保持乾爽。幫他們多鋪一塊墊子、不要讓狗狗直接趴在冰涼的地板上，腹部容易受寒。
- 飲食調整：母狗在發情期容易有便秘的情形，可以做一些含有蔬菜的鮮食讓狗狗補充纖維素，或是在飼料裡添加一些蔬菜，像是芹菜、花椰菜、胡蘿蔔等都很不錯，不過要記得切得細細碎碎才好消化喔。

☑️ **公狗**

- 關好家門：發情期，空氣中會充滿母狗散發出來的致命吸引力，公狗嗅到後會拼了命的想出門。請把家裡門窗關好，就算是柵欄，不夠高的話狗狗還是會想盡辦法跳出去。
- 外出繫繩：帶狗狗出去散步時要特別留意抓好繫繩，不然一不留神狗狗就會掙脫

　　繩子衝向愛的境地。有時這一跑就是兩、三天，所有公狗聚集在一起求愛，幸運的話，你的狗狗會滿身是傷跑回來；若不幸，那就很難找回來了。

- 性格變化：因為焦躁不安，狗狗變得有攻擊性。這時期請小心不要招惹公狗，可以多帶他們出去活動、運動，讓他們發洩精力並轉移注意力後，性格上就不會那麼暴衝。

公狗騎公狗！？

有時候會發現，明明兩隻都是公狗，可是也出現跨騎動作，怎麼會這樣？黑麻糬跟小小歐都是男生，可是閒來無事時，兩個就會玩起這樣的遊戲，而且樂此不疲。原來，狗狗世界裡的跨騎動作不只會出現在發情季節，也會因為：

1. 我比你強！

狗狗的群體裡有明顯的等級區分，他們會用跨騎來表示自己是「老大」。已經在家裡待了超過十年的黑麻糬，對於初來乍到還不滿一歲的小小歐，自然就想宣示自己的地位與主權。所以可想而知，被騎跨的總是小小歐，那也是代表小小歐甘願臣服的意思。

2. 一起來玩吧～

閒著沒事的他們總是可以想出許多自娛娛人的方式來打發時間，有時候互相跨騎，對他們來說就只是好玩而已。不過只有在彼此熟悉的兩隻狗狗之間才會出現這樣的動作，就像是有些狗也會抱著主人騎跨，若是主人沒有立刻制止，他們就會覺得超好玩～

3. 我好像記得……

曾經經歷過發情期，並且成功跨騎的狗狗，在結紮之後，這種曾經得到滿足的記憶還留在身體裡。如果哪天剛好有跨騎的機會，這種記憶就會湧現，讓他們繼續用這樣的動作來實現滿足感。

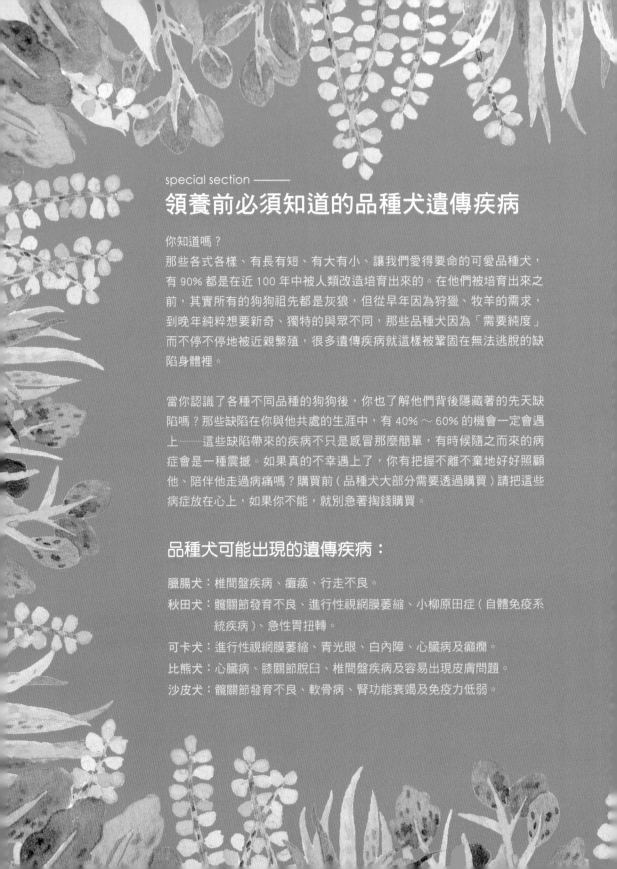

special section ———

領養前必須知道的品種犬遺傳疾病

你知道嗎？

那些各式各樣、有長有短、有大有小、讓我們愛得要命的可愛品種犬，有 90% 都是在近 100 年中被人類改造培育出來的。在他們被培育出來之前，其實所有的狗狗祖先都是灰狼，但從早年因為狩獵、牧羊的需求，到晚年純粹想要新奇、獨特的與眾不同，那些品種犬因為「需要純度」而不停不停地被近親繁殖，很多遺傳疾病就這樣被鞏固在無法逃脫的缺陷身體裡。

當你認識了各種不同品種的狗狗後，你也了解他們背後隱藏著的先天缺陷嗎？那些缺陷在你與他共處的生涯中，有 40% ～ 60% 的機會一定會遇上──這些缺陷帶來的疾病不只是感冒那麼簡單，有時候隨之而來的病症會是一種震撼。如果真的不幸遇上了，你有把握不離不棄地好好照顧他、陪伴他走過病痛嗎？購買前（品種犬大部分需要透過購買）請把這些病症放在心上，如果你不能，就別急著掏錢購買。

品種犬可能出現的遺傳疾病：

臘腸犬：椎間盤疾病、癲癇、行走不良。

秋田犬：髖關節發育不良、進行性視網膜萎縮、小柳原田症（自體免疫系
　　　　統疾病）、急性胃扭轉。

可卡犬：進行性視網膜萎縮、青光眼、白內障、心臟病及癲癇。

比熊犬：心臟病、膝關節脫臼、椎間盤疾病及容易出現皮膚問題。

沙皮犬：髖關節發育不良、軟骨病、腎功能衰竭及免疫力低弱。

吉娃娃：氣管塌陷、傳染性支氣管炎、呼吸困難、乾眼症、青光眼、膝蓋骨脫臼、椎間盤疾病、慢性心瓣膜疾病、水腦症。

雪納瑞：白內障、糖尿病、腎結石及心臟病。

博美犬：先天性膝蓋骨異位、心臟病、白內障、進行性視網膜萎縮。博美犬身體機能較弱，容易因為內分泌失調而出現皮膚問題。

貴賓犬：先天性膝蓋骨異位、遺傳性視網膜退化、皮膚炎、外耳道發炎。

哈士奇：髖關節發育不良、幼年白內障、青光眼、遺傳性視網膜退化。

柯基犬：髖關節發育不良、椎間盤疾病、進行性視網膜萎縮、癲癇。

鬆獅犬：短鼻的樣貌讓他容易出現支氣管炎、鼻喉炎等呼吸道疾病，另有髖關節發育不良、睫毛倒插、耳發炎等。

米格魯：隱睪症、咬合不全、先天性心臟病、 癲癇。

大麥町：漂亮優雅的大麥町有 10 ～ 12% 是先天失聰，且為了培育出他們身上獨有的黑色斑點，大麥町的身體機能失去代謝尿酸的能力而常常導致極痛苦的腎結石。

黃金獵犬：髖關節發育不良、進行性視網膜萎縮、心臟病。

拉不拉多：髖關節發育不良、進行性視網膜萎縮、白內障。

法國鬥牛犬：法鬥幾乎是所有品種犬中最多遺傳疾病的，包括極度容易中暑、熱衰竭、窒息。短鼻造型讓他併發許多呼吸道疾病，如吸入性肺炎、慢性支氣管炎等，這些呼吸道疾病嚴重時會缺氧窒息，甚至休克。其他如皮膚病、濕疹、青光眼、眼撕裂等也都是法鬥容易發生的疾病。

邊境牧羊犬：髖關節發育不良、進行性視網膜萎縮。

狗狗那麼健康

1. 預防針 Don't be afraid

2. 固定投藥 Take medicine obediently

3. 健康管理 Are you getting fat?

4. 日常照護 Daily care

5. 四季照護 Seasonal care

6. 一日活動量 Let's go running

7. 關節護理 Are you in pain?

8. 結紮 Don't mess around!

9. 懷孕 Having a baby

麻糬曾經離家出走，
我們找了好多天都沒有找到，
後來有鄰居跑來告訴我們，
他看到黑麻糬跟著一群發情的
狗狗跑來跑去，可是，
他永遠都吊車尾，跟在最後面……

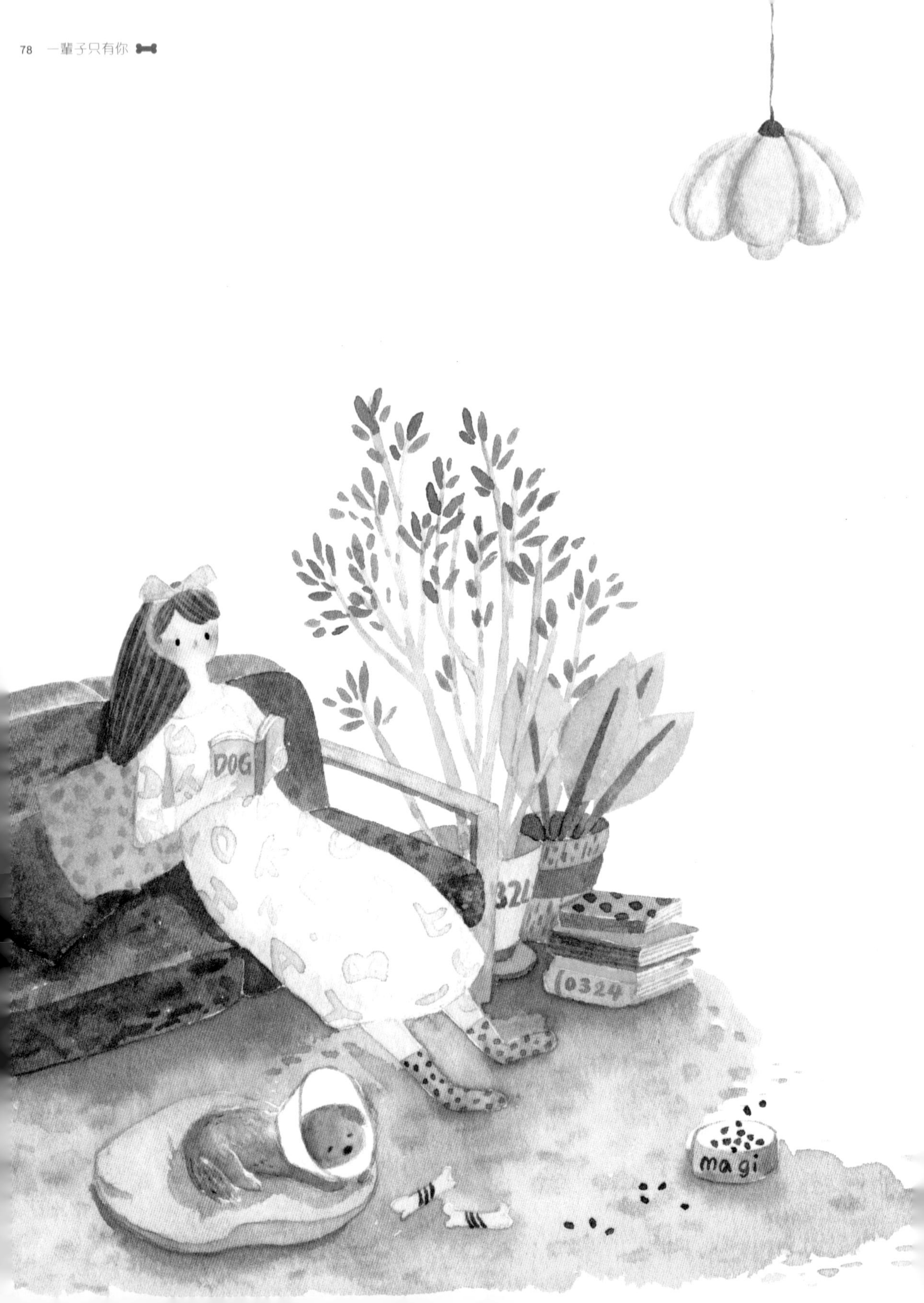
DOG
324
0324
magi

後來跟著鄰居的描述，我們以最快的速度手刀前往，在距離家幾公里外的產業道路上，果然看到一群已經暈頭轉向又激動難耐的狗群，一路鬼鬼祟祟、飢渴難耐地跟在一隻發情的流浪母狗屁股後面。

然後，那隻又想要又害怕又不敢與其他狗奪愛的黑麻糬，就這樣亦步亦趨地跟在最後面。

哄、騙、拉，折騰一番，好不容易在天微微黑的昏暗中把黑麻糬帶回家。一身又臭又髒已經是預料之中，但在預料之外，他的耳朵被撕裂了一大半！想必是奪愛過程的激烈代價。看著那血裂的傷口，我的腿發軟，瞪著眼睛追問麻糬：「痛不痛？痛不痛？」但他這個幾天沒吃沒喝、餓壞了的臭小子，一點都沒有想要回答我，只顧盡情地狼吞虎嚥，然後像什麼事都沒發生一樣，倒頭呼呼大睡。

第二天一早又是哄、騙、拉，把麻糬抓去他一向抵死不從的獸醫院看診，醫生把他耳朵被撕裂的不規則邊緣用剪刀剪去、再一針一針縫起來。我瞇著眼斜視，一顆心跟著那針，起起伏伏、上上下下，臉部表情扭曲得比麻糬被撕裂的耳朵更扭曲。在我臉部肌肉快徹底僵硬的時候，手術在獸醫院慰勞的一隻棒棒小雞腿中，大功告成。

這個突如其來的離家出走因為麻糬的耳朵，讓他免於一頓處罰，但戴上羞恥圈還是必須的。不然傷口復原中的發癢，讓麻糬不停地把耳朵貼在地板上，像掃地機器人一樣來回摩擦，地板很光亮，可是看得我一身冷汗。

自尊心鼎天的他，知道脖子上的這圈白色束縛是他狗生中最大的恥辱，戴著羞恥圈的那些日子，他整天無精打采、喪志消沉，不管用什麼好吃的、好玩的誘惑他都無動於衷，只斜斜睨人一眼然後就整天躺著、動也不動，像壞掉一樣。

原本看著那被撕掉大半的耳朵，我心想不知道哪時候才能回復正常，但只過了短短一個月，那耳朵就恢復往日姿態，完全看不出曾受過那麼重的傷。而麻糬也在羞恥圈拿掉的那一刻，立刻重拾風采、蹦蹦跳跳地出門玩耍，完全重生。

經過這一次的教訓，麻糬再也沒有離家出走，時間一到，乖乖回家。

1.預防針 Don't be afraid

剛出生的狗狗就跟新生兒一樣，需要依照疫苗施打計畫來增強抵抗力、預防疾病傳染，尤其是出生後第 1 年特別重要。狗狗出生時，會從母體得到抗體，所以疫苗過早施打其實沒有太大意義，甚至會造成狗寶寶的身體負擔。一段時間後，母體帶來的抗體會慢慢消失，這時在對的時間施打對的疫苗就能有最好的防護。不過疫苗也不是打越多越好，依照各項疫苗的施打計畫進行，就不會手忙腳亂。

黑麻糬一直是崇尚自然的教養方式，當然也跟他生長的環境有很大關係。幼幼犬時他在廢棄軍營度過，跟我回家之後，我也讓他自由自在地在鄉野奔跑玩耍，像這樣從小到大與自然為伍、心情又總是放鬆愉快的狗狗——尤其是米克斯——他們自身的免疫力其實都滿好的。但他們每天在外面交朋友、聞屁股，在草叢裡翻身打滾，接觸傳染病媒介的機會相對大，我還是會有些擔心。所以每年定期的疫苗預防針就變成黑麻糬無拘無束玩耍前的安心保障。

不過並不是說每天宅在家裡的狗狗就不用施打預防針，畢竟他們還是會有出門溜搭的機會，有些獸醫會建議依照狗狗生活的方式選擇 1 ～ 3 年施打一次預防針，這樣的支出對我們的負擔不會太大，所以記錄一下期程，不要忘了嘿！

超級抗拒打針的
黑麻糬

☑ 疫苗要什麼時候施打呢？

疫苗分為「基礎疫苗」及「後續補強」疫苗。

基礎疫苗：分 3 劑。在沒有施打過疫苗前，需要有 3 次的連續施打來增加良好抗體。

後續補強：每年 1 次。就像是定期進廠維修的概念，完成基礎疫苗後的每年施打。

疫　苗	基礎疫苗第 1 劑	基礎疫苗第 2 劑	基礎疫苗第 3 劑	後續補強疫苗
施打年齡	6 ～ 8 週時	10 ～ 12 週時	16 週時	每年 1 次

└─ 中間請間隔 4 週 ─┘　　　　　└─ 第 3 劑請在
　　　　　　　　　　　　　　　　　 狗狗 16 週以上再施打

☑ 疫苗有哪些種類？

核心疫苗與非核心疫苗：

核心疫苗：針對高傳染性、高致死率的疾病所必須施打的預防針，例如：犬出血性
　　　　　腸炎、犬瘟熱、犬傳染性支氣管炎。而台灣在 2013 年出現了狂犬病的
　　　　　案例後，狂犬病疫苗也被列為核心疫苗。

非核心疫苗：依照狗狗生活環境、生活型態來做選擇性施打的疫苗。比如常在山區
　　　　　　田野間玩耍、又沒有做壁蝨預防的狗狗，就有感染萊姆病的機會；但
　　　　　　在都市生活的狗狗要感染萊姆病的機率微乎其微，就不需要特別施打
　　　　　　這項疫苗。

單價疫苗與多價疫苗：

單價疫苗：一支預防針只針對單一傳染病的疫苗，比如狂犬病疫苗。

多價疫苗：我們常常聽到的三合一、六合一、八合一，就是多價疫苗，只要施打一針，
　　　　　就能同時預防多種傳染病。

多價疫苗可以依照你們家狗狗生活的環境來做選擇，主要有 8 種傳染病的預防組合。

	三合一	五合一	六合一	八合一
犬瘟熱	🦴	🦴	🦴	🦴
傳染性肝炎	🦴	🦴	🦴	🦴
出血型鉤端螺旋體症				🦴
傳染性支氣管炎		🦴	🦴	🦴
黃疸型鉤端螺旋體症				🦴
犬小病毒腸炎	🦴	🦴	🦴	🦴
副流行性感冒		🦴	🦴	🦴
犬冠狀病毒腸炎			🦴	🦴

☑ **疫苗施打前請注意：**

- 剛帶回家的幼犬，先讓他適應環境並暫時不要洗澡，以避免免疫力下降，免疫力下降的情況下不適合施打疫苗。
- 就跟我們一樣，施打疫苗前要先確認自己的身體是處於健康狀態，所以狗狗可先讓獸醫檢查是否有發燒、拉肚子等生病跡象，確定無恙再來施打。

☑ **疫苗施打後要注意的有：**

- 打完預防針的 1～2 週內不要幫狗狗洗澡、也不要進行太激烈的活動，這時候的防護力較弱，容易生病。如果剛好在寒冷的冬天，要記得幫狗狗做好保暖。
- 疫苗施打後約 2～3 週才會產生完全的抗體，這段空窗期盡量待在家裡休息。
- 有些狗狗對疫苗會產生過敏現象，像是流鼻水、發燒、活動力下降及食慾不振，若遲遲沒有復原或是每況愈下，請快回醫院做檢查。
- 如果是剛領養回來的非幼犬狗狗，又不確定他小時候有沒有打過疫苗，可以再與醫生討論後續疫苗施打的計畫。
- 疫苗施打的時間是一個範圍而不是特定的時間點，所以若是剛好遇上狗狗不舒服的狀態，延後幾週時間再去施打也沒有關係的，不用太過焦慮。

2. 固定投藥
Take medicine obediently

疫苗是針對傳染病的預防；投藥是針對寄生蟲的治療或防範。其實比起傳染病，寄生蟲的騷擾比較讓我頭痛。每天在外交際的黑麻糬，只要其他狗狗身上有壁蝨或跳蚤，在彼此嗅嗅、聞聞的過程，壁蝨、跳蚤就會直接跳槽過來。還有草地裡的寄生蟲、蚊子傳播的心絲蟲，這些麻糬每天生活的環境中都有高風險來源。所以我會用一本筆記本來記錄何時應該給予什麼樣的投藥──對喔，並不是定期給一顆藥就能解決，針對不同的寄生蟲會有不同的投藥方式，還沒感染及已經感染也會有不一樣的投藥措施。

但不用擔心會太過複雜，我固定使用的方式有 3 種，只要不是太過極端的寄生蟲問題，正常情況下我會這麼施行，防護措施對我們家的狗狗就已足夠。這章節最後面會與你們分享，現在先來說說關於固定投藥這件事：

投藥驅逐的寄生蟲，常見有哪些：

☑ **體外寄生蟲**
　　壁蝨、跳蚤、毛囊蟲、疥蟲

☑ **體內寄生蟲**
　　蛔蟲、蟯蟲、條蟲、心絲蟲

投藥可參考三種方式，但不管是哪種方式，都要按照狗狗的體重、體型來挑選劑量：

口服藥

有的是 1 顆小小的普通藥丸、有的將藥的成分內涵進碎肉裡做成如食物一般的牛肉塊。口服藥大部分是驅逐體內寄生蟲，像是條蟲、蛔蟲等。但也有一些是標榜只要 1 顆藥就能驅逐體內、體外寄生蟲。要注意的是，縱使標榜只要吃 1 顆就能全部除的藥，仍有可能無法達到全效防護——大部分是沒有心絲蟲的預防效果。看清楚口服藥的說明書，才能知道缺了那些保護，如果缺少心絲蟲的藥效，那就要再額外購買心絲蟲藥。

☑ 維持效期

大部分是以 1 個月投藥 1 次為基準，有些藥廠設計出 3 個月吃一次就好的口服藥。我曾詢問過獸醫師，能維持 3 個月效期的藥效，對狗狗來說不會負擔太重嗎？醫生告訴我：「以國外已經施用長年的經驗來看，還沒有傷害狗狗身體的案例。但國內的使用近幾年才開始，所以經驗值還不夠。最主要還是要看自己狗狗的身體狀況來酌量用藥。」這段話也給你們做參考。以我自己來說，我偏向約 2 個月給麻糬一次效期 1 個月的口服藥做預防。你也能依據狗狗的狀況詢問獸醫師意見。

☑ 餵食方式

- 餵食口服藥時，最好搭配味道較重的鮮食或罐頭料理，可以掩蓋狗狗不喜歡的藥味。把藥剝成幾瓣或是搗成粉末混入食物中，狗狗不知不覺就吃完了。
- 或者把藥塞進肉塊裡面，狗狗看見肉塊，一興奮就一口把塞了藥的肉肉吞下肚。
- 如果狗狗非常溫馴又聽話，有些人會直接把藥丸放進狗狗靠近舌根的地方讓他們自己吞下去，但這樣的方法請搭配飲用水，以免黏附食道，造成灼傷。
- 狗狗在 1 個月大以前不要用藥會比較保險，生病感冒時也請斟酌停止投藥。
- 藥物不要混搭，服用 2 種不同效果的藥時，請相隔 1 個星期。

驅逐體內寄生蟲的投藥，還是要視你的狗狗生活型態來做決定，比如住在城市且出門溜搭時都會牽繩、不會亂蹭髒地板或亂吃東西，這樣的狗狗感染條蟲、蛔蟲的機率就很低，但仍有可能被蚊子叮咬，那麼或許只需要考慮給予預防心絲蟲的藥就可以。

✦ 滴劑

大家耳熟能詳的蚤 X 到就是標準滴劑型藥品。滴劑藥主要是針對體外寄生蟲，但有分為「預防趨避」及「抑制治療」兩種。預防趨避的滴劑，是在還沒有感染寄生蟲時，滴在狗狗身上後能讓跳蚤、壁蝨不敢靠近；而抑制治療則是在狗狗身上已經有寄生蟲時，滴下後能殺死跳蚤、壁蝨並抑制牠們的蟲卵孵化。滴劑型大部分沒有防蚊效果，不過仍依各藥廠的藥效而定，一樣要看清楚說明書上的治療效果喔。

☑ 維持效期

與口服藥相同，以 1 個月滴 1 次為基準，但有些滴劑型的抑制效期可以達到 3 個月時間，所以我自己的做法是，夏天雖是跳蚤、壁蝨繁殖的旺季，但蟲卵孵化也需要週期，所以差不多 1 ～ 2 個月滴 1 次；冬天雖然跳蚤、壁蝨比較少，但現在台灣的冬天其實也滿熱的，偶爾還是會有牠們的蹤跡，我就會在發現牠們蹤跡時才點藥。

☑ 點藥方式

- 滴劑型是靠皮脂腺將藥劑分布到全身體表，使用前 2 天不要洗澡，讓狗狗身上的油脂豐富一些，藥劑分布的效果會比較好。
- 使用後 48 小時內避免碰水。
- 狗狗在 8 週以前不要使用，生病時也暫停點藥。
- 避免狗狗舔食，藥劑請滴在狗狗頸部上方：將毛髮撥開後，沿著頸部到脊椎前半部一點一點長條狀滴上去，不要一口氣滴在同一個地方，免得造成狗狗皮膚不適。

← 點在這裡，
記得把毛髮撥開，
不然點在毛上，一點效果也沒有

✡ 項圈

常出門玩耍的狗狗可以配戴防蚤項圈來預防體外寄生蟲。防蚤項圈並不是只有防跳蚤，大部分還有防壁蝨、蚊子的功效。分為藥物式項圈及氣味式項圈。

☑ 維持效期

氣味式的項圈，在氣味消散前約有 4 ～ 5 個月作用期，但如果遇到常下雨的潮濕季節，那作用期會縮短。雖然項圈的使用說明，是可以長期配戴，但有些項圈散發出來的味道其實滿重的，我很不喜歡。我在想，如果連我們都覺得味道重，那嗅覺很強的狗狗會不會也會覺得不舒服？所以麻糬平時在家裡面時，我就會幫他拆解下來。

☑ 配戴方式

· 在戴頸圈的位置再環掛上去就可以。

· 有些防蚤項圈是用藥劑粉末附著，那麼洗澡時就要拆下來，不然粉末洗掉後就沒有效用了；但若是將藥劑與項圈直接做一體成形的商品就無需擔心碰水。

· 有些獸醫師建議藥物式項圈需要長期配戴，給你們參考，這部分你們可以依自己狗狗對項圈的適應狀況斟酌的配戴時間。

我自己幫狗狗投藥的方式

1. 心絲蟲口服藥：

心絲蟲藥通常都還有預防感染蛔蟲、鉤蟲的效果。每 2 個月服用 1 次。1 盒 6 錠 / 體重 11 ～ 23 公斤適用，費用約 NT.650 ～ 850。

2. 跳蚤、壁蝨滴劑：

夏天時 1 ～ 2 個月滴 1 次；冬天在有發現跳蚤、壁蝨時才滴藥。中型犬適用 /1 劑約 NT.270 ～ 350。

3. 防蚤項圈：

外出時才配戴。中型犬適用 / 一條約 NT.350。

這是我對自家狗狗的做法，可以參考，但最重要還是請你們依據狗狗的生活習慣做調整。

3. 健康管理
Are you getting fat ?

✦ 身形

雖然不同的品種，會因不同的肌肉含量而影響體型視覺，但從身形的判斷再加上狗狗日常作息的觀察，也能推敲出他的身體健康狀況。最重要的是，維持良好的身形與體重，是健康的入門指標。

我們可以從俯瞰及側面兩個方向來觀察：

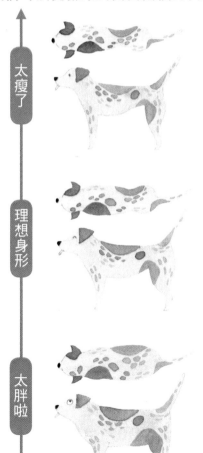

太瘦了

俯瞰，線條從胸部開始直接斜向臀部，身形太過細扁；側面的腰部線條也過細。如果用手觸摸胸口會摸到一條條的肋骨，那就真的太瘦了。

理想身形

從上往下看，臀部前方有微微的腰身；側面的腰線弧度平緩收起。用手觸摸狗狗腹部靠近前胸位置，會有一點點薄薄、軟軟的脂肪層並能摸到胸骨。這身材太完美啦！

太胖啦

不論是俯瞰或是側看，都沒有腰部線條，甚至向外擴張。側面可以看到肚子不是正常的向上收起，而是像大肚腩一樣往下墜，這樣的健康狀況很讓人擔心喔。

狗狗為什麼一直消瘦：

☑ **營養不足**

檢視每天給狗狗的食物份量是不是不夠？如果足夠，那是不是給予的飼料或是罐罐品質不佳？可以考慮慢慢轉換營養的鮮食或提供營養補充品。

☑ **運動量不夠**

運動、活動量不夠時，若剛好又遇上炎炎夏日，狗狗的胃口就會變得很差、新陳代謝也會下降，直接影響便反映在體重與身形上。多帶狗狗出去散步或跟他玩遊戲，吸引他起身活動筋骨，不吃東西的狀況就會慢慢改善。

☑ **寄生蟲**

沒有定期幫狗狗投藥驅蟲，若他身體裡有寄生蟲作怪，那吃再多也會漸漸消瘦。

☑ **身體疾病**

牙周病、口腔發炎會讓狗狗不想進食，因為一吃東西就疼痛，這時口腔護理就很重要，可改換流質食物讓狗狗補充營養。暫時性的腸胃道、消化系統毛病會導致無法吸收營養或是拉肚子，這樣的情形若沒有好轉跡象快讓獸醫詳細檢查。

狗狗太胖怎麼辦？

☑ **減少熱量攝取**

這裡說的是「熱量」，不是「食物量」。如果狗狗吃的食物量都正常，那請檢視是不是給他吃太多零食或是高脂肪的食物？把這些導致肥胖的因素都拿掉，但提供足夠分量的飲食給狗狗，才不會讓他們因為沒有得到滿足感而又吃下太多東西。

☑ **增加有飽足感的低脂食物**

選擇脂肪量少的肉類，如雞胸肉、魚肉，也可以在食物中加入燕麥、南瓜、胡蘿蔔、蛋這類水溶性膳食纖維及優質蛋白質來增加狗狗的飽足感，讓他不會整天想吃東西。

☑ **多動動**

跟人一樣，活動不夠基礎代謝率就會下降，然後身體就會慢慢吹氣球胖起來。利用一些好玩的遊戲來刺激他想動起來的慾望。遊戲方式可以看看 P144 裡我與麻糬的嬉戲，如果適合你家狗狗，就快試試看。

✦ 喝水量

在健康管理中，水分也是很重要的一環。我們可能很注重狗狗吃下肚的食物，但往往會忽略他們喝水這件事，你有想過自己的狗狗一天究竟喝多少水嗎？水分在動物生命中是很重要的物質，體溫調節、廢物排除、新陳代謝、血液循環、母乳分泌……每一個生命作用都需要水分，我們可以兩天不吃東西，但無法兩天不喝水。一隻正常的狗狗在本能促使下，都會喝足每天需要的水分量。但有時受到天候、環境、疾病的影響，狗狗對於這項本能會變得遲鈍。黑麻糬一直很愛喝水，到後來生病無法進食那段時間，他還是會自己主動去找喝水，這算是在擔憂之下，還能讓我欣慰的地方。

要喝多少水才狗呢？

1KG = 50cc ～ 60cc

狗狗每天需要喝自己體重公斤數 X50 ～ 60cc 的水分。這個範圍的界定，是依狗狗活動量、身體狀況或是季節天候來調整。所以 20 公斤的狗狗，一天要攝取 1000 ～ 1200cc 的水分。

接下來，我們要檢查狗狗水分究竟攝取足不足夠：

☑ **肩頸部皮膚檢查**
　　還記得固定投藥章節中，滴劑點藥的位置嗎？就是那
　　裡。輕輕拉起那邊的皮膚然後放手，正常情況是皮膚
　　會立刻歸位，若是恢復得緩慢，那就是缺水。

☑ **觀察便便與尿尿**
　　如果便便乾乾的、大出來後形狀有裂痕或是一顆一顆像石頭一樣，且尿尿
　　顏色呈現深黃色或混濁，那表示你的狗狗喝太少水啦！

☑ 看看牙齦與舌頭

我們缺水時會口乾舌燥，狗狗也是。正常健康喝水的狗狗，牙齦及舌頭應該是濕濕且紅潤的，如果呈現灰白、乾、黏、稠的樣貌，也是缺水徵兆。

要怎麼讓狗狗多喝水？

1. 有隨時都能喝到的水

不要吃完飯才裝水給狗狗喝，準備一個水盆，讓裡面隨時補足水分，這樣狗狗一渴就能知道哪裡有水分可以攝取。外出時也是，帶一瓶水讓他們隨時補水。

2. 引導獎勵

吃飯前先引導狗狗喝水，喝了水才給他們吃飯，幾次之後，他們就會連結到：喝水＝有飯吃這樣的情節。或是在狗狗喝水之後給他抱抱、鼓勵、小零食，這樣也能誘導狗狗愛上喝水。

3. 食物中增加湯水

可以在狗糧中加入一些涮肉的湯水，或是用柴魚、昆布熬煮的高湯。加入這些有濃厚香氣的湯水，不但能促進食慾、也能同時讓狗狗把水喝下肚，一舉兩得。這也是我喜歡用的方式，當我發現麻糬水盆的水位下降量不夠時，我就會在下一餐食物中加入半碗的湯水來平衡一下，不過加了湯水的飼料要趕快讓狗狗去吃，不然一般成犬都不太喜歡被泡得軟爛的飼料。

4. 針筒輔助

當針筒出場就是很不得已的情況了。若上述方法都沒辦法讓狗狗喝水——尤其是生病的弱犬，那就只能用針筒灌食。這裡說的針筒是沒有針的針筒喔！到藥局就能購買無針針筒。用這種方式一定要溫柔的安撫狗狗，不要沒有耐性的粗暴對待，不然會讓狗狗更厭惡喝水。

黑麻糬有一段時間很愛偷偷去喝馬桶水，我是在看見馬桶上面竟然有狗腳印後才發現，從此，上完廁所一定會蓋上馬桶蓋，免得馬桶水小偷又偷偷出動。

4. 日常照護 Daily care

日常的護理，其實就是我們平常一直在做的瑣碎生活事，像是剪指甲、洗澡、清耳朵、刷牙等。這些我們不用特別經過大腦運算就能隨手運作的日常，對狗狗來說卻是飛起來的難事。如果狗狗溫馴如小小歐，那執行起來倒也輕鬆，但若個性孤傲如黑麻糬，每件事我們奴才都會做得萬分痛苦，可是有些護理不做也不行，而一點小事好像也不用總往寵物店送。鬥智，或鬥志，是我們身而為人的奴才，要花心思去達成的。

拿洗澡這件事來說，要抓黑麻糬去洗澡是一件必須很精心策畫的大事。

在他面前，絕對不能說出「洗澡」、「洗」、「水」、「沖」這些關鍵字，智慧過狗的他，一旦聽到這些讓他警戒的詞彙，立馬轉身躲進車子底下，然後接下來一整天不管用任何方法都無法讓他離開車底，而洗澡這件事就也只能無疾而終。

好的，有過經驗後，要幫他洗澡前我們再也不說這些關鍵字，只是默默地先備好毛巾、髮乳跟澡盆，接著靜靜地拿出牽繩準備讓他落網。沒想到東西都準備好後，他又在車子底下！什麼？用看的也不行？

好的，不能聽不能看，這一次我們什麼也不說、什麼也不做，直接拿出牽繩哄他過來，但我的覬欲成功，讓語氣跟心跳都非常態，而黑麻糬就這樣感應到了！在即將抵達牽繩的前幾吋距離，或許是我的眉毛一挑、眼神一閃、心口一蹭，他聞嗅到那濃厚的心懷不軌，就這樣轉身又躲進車子底下。世界上最遠的距離，就是你在我面前，我卻碰觸不到你……

好的，我們不說、我們不做，亦心無欲望。一家人換衣服、穿鞋子、戴帽子、背背包，心情輕鬆、態度從容、神情愉悅，一個接一個魚貫出門，最後在馬路邊呼喚麻糬「出去玩囉～」，然後在他跳出大門的那一剎那，一個關門、一個拿繩、其他人如警探追捕通緝犯那樣即刻上前包圍，接著手刀急速銬上手銬，噢，是繫上牽繩。

我們，終於，獲得最終勝利，了……嗎？
不，從馬路到洗澡處的那最後一哩路，又拉、哄、騙，走了我們天長地久。

幫狗狗剪指甲是一件很小但又很大的事情。對我們來說易如反掌的剪指甲，對狗狗來說卻是很討厭的事，因為爪子是他們不喜歡被碰觸的部位。常常在戶外跑步、挖洞的大自然狗狗——如黑麻糬，就不太需要為這件事費心，因為他們的指甲會因為抓地摩擦自然被磨削。但現在的狗狗大部分都待在家裡，長長的指甲不只會抓傷人、抓壞家具，也會讓狗狗關節變形、不良於行，影響很大，所以定期修剪非常重要。

狗狗的指甲不是剪越短越好，指甲裡面紅紅的區域是血線，剪到血線不只會痛、還會流血。但是不剪，血線就會越來越長，到時候就更沒辦法剪指甲了。

- 平常常跟狗狗握手，時不時碰一下他的腳、爪子，讓他漸漸習慣這樣的觸碰，久而久之就不會對剪指甲這件事那麼反感。
- 剪的時候握緊狗狗的腳，快速俐落地一刀剪下。如果能有幫手可以幫忙安撫狗狗最好，不然狗狗亂動很容易不小心剪傷皮膚，這樣他的陰影就更大了。
- 麻糬跟小小歐都是黑爪子，血線得照著光線才能看得清楚，為了避免剪到血線，黑爪子的狗狗只能一點一點慢慢剪，或是分次修剪，不要讓剪指甲流程持續太長時間。

有些長毛狗狗需要定期修剪毛髮並整理，不然很容易變成糾結的拖把，像是薩摩犬、蝴蝶犬、馬爾濟斯、牧羊犬等。不過除了長毛犬，在潮濕又悶熱的夏天，很多人還是會幫狗狗剃毛，把毛髮剪短的確可以讓他們舒服一些，也能減少寄生蟲寄居。狗狗冷卻身體溫度的機制，主要是利用舌頭、腳掌來排除熱氣，所以身體毛髮的修剪，除了嚴重的皮膚病或掉毛外，我覺得不是絕對必要。

若要修毛，通常會是三個部位

☑ 身體

修剪身體的毛髮不能剪得光溜溜，必須保留最少 0.5 ～ 1 公分的長度。狗狗的毛髮很有作用的，可以阻擋紫外線照射、避免蚊蟲叮咬，也能讓過敏、有毒物質不會直接附著在皮膚上。

☑ 腹部靠近生殖部位

會修剪這裡的毛髮，通常是擔心狗狗在尿尿時會不小心沾染到。但依我長期的觀察，這樣的情況並不多見，不管是公狗抬腳、或是母狗蹲低尿尿，除非是毛髮真的過長，不然他們通常技術很好，不太會讓尿尿直射身體。

☑ 腳掌

腳掌的毛髮太長，狗狗容易滑倒外，也會影響散熱。
腳掌的毛髮修剪是指肉球邊邊的毛，如右圖。

修剪部位

狗狗汗腺不像人類那麼發達，所以不需要像我們一樣天天洗澡。太頻繁的洗澡，會把他們保護皮膚的油脂洗掉，反而讓抵抗力下降、毛髮粗糙。且若把狗狗肛門附近的腺體所散發出來的氣味洗淡了，他們會找不到回家的路。洗澡的頻率依照生活環境、皮膚狀況及體味強度，你們可以按照 3 種參考方式進行：

☑ 夏天、長時間外出、有跳蚤壁蝨時：1 ～ 2 週洗 1 次

夏天且常常外出活動打滾的狗狗，除了體味會較重外也容易有跳蚤、壁蝨，那麼洗澡的頻率可以高一些。但最短最短不可以少於 1 星期，這樣反而會對狗狗造成傷害。

☑ 冬天、較少外出、皮膚乾燥且不臭時：3 ～ 4 週洗 1 次

冬天氣溫低，狗狗容易感冒，如果不是太髒太臭的情況，約 20 天左右洗 1 次就好。

☑ 幼犬、老犬、生病犬、即將分娩或哺乳期時：乾洗或濕擦

出生未滿 3 個月的幼犬，或是剛打完預防針的狗狗都盡量避免洗澡。其他像是抵抗力較弱的老犬、生病犬及即將生寶寶或正在哺乳的狗狗都建議暫時不要碰水，市面上有乾洗粉可以購買，但這個我沒有用過，不曉得效果如何。我都是用濕毛巾擦擦身體及腳腳後，再趕快用溫風吹乾。

要怎麼幫狗狗洗香香？

1. **選擇氣溫高的時間及地點**
   夏天我會選擇中午時間在戶外幫狗狗洗澡，冬天則移進不會吹到風的浴室。喜歡玩水的狗狗可以用一般自來水的冷水溫度，但若氣溫太低，盡量用溫水洗澡。

2. **用狗狗專用的沐浴乳或洗髮精**
   不要用我們的沐浴乳或洗髮精幫狗狗洗澡，兩者的酸鹼值不同。若長期用我們使用的產品幫狗狗洗澡，容易造成脫毛、乾燥、老化。

3. **先從腹部及四肢開始沖水**
   不管是冷水或溫水，先用手沾水後拍拍狗狗的腹部，讓他適應水溫外也開始有洗澡的心理準備，然後再用水沖四肢及腳掌，之後才慢慢把水往上移到身體位置。

4. **先避開頭部，從下半身開始洗**
   狗狗頭部沖到水時會非常抗拒，一抗拒就全身扭動、一心想逃跑。所以先從下半身、屁股的地方開始洗，頭部就留到最後會比較順暢。

5. **小心鼻子、眼睛與耳朵**
   沖水時避開鼻子、眼睛、耳朵三個地方。可以用雙手擦洗或毛巾擦拭，這三個地方沖到水或是沐浴乳會讓狗狗極度不舒服，嚴重甚至發炎。

6. **沐浴乳或洗髮精徹底沖乾淨**
   沒有沖乾淨的殘留浴液，在狗狗舔拭時會被吃下肚，且可能使皮膚搔癢。

7. **讓狗狗自己甩乾毛髮再擦乾**
   狗狗本能性甩掉水分的能力很強，洗好後，讓狗狗自己甩掉大部分的水，然後再用毛巾擦乾，這樣可以事半功倍。

8. **吹風機吹乾毛髮**
   終於洗好了！最後用吹風機吹乾毛髮。特別注意耳朵後側、腹部的乾燥，但請不要對著耳朵裡面吹風。吹風機也要留意與狗狗身體的距離，不要在同一個地方停留太久，以免燙傷皮膚。

幫狗狗刷牙？聽起來就覺得手指不保。在黑麻糬之前的 5 隻狗狗，我們從來沒有想過幫他們刷牙這件事，一直覺得動物該有他們自己的生理機制。但一直到黑麻糬生命後期，發現他的牙齒因為牙菌斑生成了厚厚一層牙結石，這層牙垢不只侵蝕他的牙齒神經、讓他沒辦法吃硬的東西，也讓麻糬的嘴巴味道變得很差。但那個時候刷牙已經沒有辦法去除長年累積的牙結石了，所以現在的小小歐，我會定期幫他刷刷牙，希望未來不要有黑麻糬那樣的情況。

保持狗狗牙齒清潔的方法

☑ 到獸醫院洗牙

獸醫院也能幫狗狗洗牙，但洗牙必須全身麻醉。不管是人還是狗狗，全身麻醉都有一定的風險，麻醉之前的血液檢查、胸腔 X 光及心肺系統的評估，都必須狀況良好才能進行。所以你們還是要依狗狗的身體狀況多斟酌是否選擇洗牙。

☑ 使用潔牙骨

潔牙骨的種類、款式非常多，許多號稱潔牙骨但其實只是「比較硬」的零食，對潔牙沒有太大效果。但縱使有效果，潔牙骨也只是做輔助用。

☑ 每天刷刷牙

最重要的還是幫狗狗刷牙。不管是用牙刷或是潔牙布，都能去除一定程度的牙菌斑。

怎麼幫狗狗刷牙、又能保住手指頭？

1. 不要讓狗狗害怕牙刷這個東西

就像不喜歡洗澡的狗狗，一看到你把桶子拿出來，他就會逃走一樣。刷牙也是，先讓他「不害怕」牙刷這個物件很重要。我要幫小小歐刷牙之前，會把牙刷還有一小塊零食一起拿出來，先把零食放在他面前晃啊晃、再把牙刷碰碰他的嘴邊肉。這樣的動作重複幾次，才讓他吃零食。之後，他看見牙刷、感覺牙刷放在嘴邊，就知道即將有東西吃，這樣他便會喜歡上牙刷這個東西。

2. 輕輕掰開嘴邊肉

不要強硬地把狗狗嘴巴掰開，從側邊的嘴邊肉開始，一次翻開一點，讓狗狗習慣這個動作。之後翻開的幅度可以慢慢增加，直到能將牙刷放進去為止。牙刷放進去的方式也請用漸進式，一開始先「放進去」就好，狗狗習慣後，才開始小幅度刷動，然後慢慢增加幅度並試著往最裡面的牙齒刷去。

3. 牙刷與牙齒呈 45 度

刷牙的目的是要刷掉牙齦與牙齒間殘留的牙垢。狗狗通常會自己用舌頭清潔內側牙齒，並在喝水時把食物殘渣一起清掉。所以我們的重點就放在牙齒外側，把牙刷轉向與牙齒呈 45 度角輕輕來回刷動。留意不要太用力，不然會刷傷牙齦喔。

4. 過程中不停給讚美

狗狗對於侵入口腔的動作是很反感的，願意讓你刷牙，有很大的部分是因為信任你。所以不管是刷牙前、刷牙中、刷牙後，都要不停的給他讚美，抱抱他、跟他說「你怎麼那麼棒！」

是不是跟我們一樣，刷牙也用牙膏呢？其實牙膏並不是第一重要，主要還是透過牙刷與牙齒之間來回摩擦的動作來去除牙垢，所以只需要清水就可以了。有些牙膏會添加一些讓狗狗喜歡的味道、吸引狗狗刷牙，因此牙膏視情況使用即可。

★耳朵

棉花棒只能用在外耳清潔喔！

建康的狗狗耳朵，應該是乾燥、粉紅色、沒有異味的。如果出現咖啡色的耳屎、散發臭味，且狗狗會不停搔抓耳朵、甩頭，那可能就有問題。有些品種容易會有耳道疾病，像是垂耳的米格魯、先天耳道結構異常的沙皮狗以及耳道毛髮較多的貴賓犬等。這些狗狗都要特別留意耳朵的清潔與護理。

• 洗澡時一定要留意不要把水噴進狗狗耳朵裡，洗完後，耳朵內外都要擦乾、吹乾，避免水分殘留，不然容易孳生細菌導致發炎。

• 狗狗的耳道跟我們不同，所以不能用棉花棒清潔耳朵內部。翻開狗狗耳朵後，眼睛能看到的地方可以用棉花棒或是濕紙巾清潔；看不到的地方不要用棉花棒去挖，容易把耳垢往後推，讓耳垢跑進更裡面的地方。

• 耳朵內部可用潔耳液清潔。在耳道滴幾滴潔耳液然後輕輕按摩耳根，耳朵裡有水分會讓狗狗本能的想甩出來，按摩後讓他們自然甩出潔耳液及軟化的耳垢就可以。

• 若狗狗的耳朵很健康，沒有含汙納垢、也沒有異味，其實不需要特別清潔，狗狗本身會將耳垢自行排出，不用太過擔心。

• 還有一種狀況是耳血腫。因為搔癢或甩頭太過激烈使耳殼裡的血管破裂，血液淤積在耳殼內而整個腫起來。外觀就像是氣球一樣，整個鼓鼓、軟軟、有點彈性且壓下時狗狗會感覺疼痛。黑麻糬就曾經血耳腫，動了一次從此影響帥氣外貌的手術……

改變黑麻糬一生的耳血腫

那幾天很不對勁，黑麻糬常常把頭擱在地板上摩擦或用手不停撥弄耳朵，一開始不以為意，但後來甩頭甩得沒完沒了，就把他哄來細細地檢查。他的耳朵毛髮很長，從外觀上看不出明顯變化，但仔細一摸，就摸到一邊耳朵感覺蓬蓬的！那觸感好奇怪，想再摸一把時，麻糬就齜牙裂嘴、急急跳開，後來又用了出門玩的那一招才讓他乖乖就範。那感覺蓬蓬的耳朵，用食指與拇指捏住後下壓，像是氣球一樣有彈性，與皮膚腫瘤的觸感很不相同，但稍施力道麻糬就會非常抗拒，是會痛嗎？

當時候，我從來都不曉得有耳血腫這個疾病，只覺得充了氣的耳朵真不可思議。

原本帥帥的耳朵　　從此都歪了一邊

獸醫檢查後，我才第一次聽到耳血腫的名稱，醫生說，小一點的血腫有機會自行恢復好轉，但麻糬的血腫可能還是要小小手術。黑麻糬像是聽懂了一樣，哀怨地接受他那多災多難的耳朵問題。打過麻醉後，醫生在麻糬內耳的耳殼劃一刀，將裡面的血液、血塊引流出來，最後縫合耳朵裡的空腔，避免血液又再積蓄耳內空間。

耳血腫的治療很順利，但拆線之後我高度懷疑牽錯了狗！原本面容玉樹臨風、毛髮飄逸綽約的麻糬，竟然歪了一邊耳朵，一高一低、一前一後，像是一隻全新的狗狗，amazing！

那全新的黑麻糬標記，讓他在一群黑狗中總能一眼被認出，再也不怕走丟。

5.四季照護 Seasonal care

跟我們一樣，狗狗在不同的季節，身體也會跟著春夏秋冬、四季流轉有著不同的變化與
需求。像是春、秋的發情期；冬、夏的換毛與食慾需求，這些細微但明顯的變化，如果
我們能在生活居家或是飲食料理上，跟著
節令幫狗狗做一點改變與保護，他們就
能一暝大一寸，快樂健康地成長。

春天

漸漸回暖的春天，狗狗已經不需要像寒冷的冬天儲備熱量與脂肪，所以飲食上除了總量要慢慢減少約 10～15% 外，也可以多補充一些高纖低脂的新鮮食物。這個季節也是提升免疫力的好時機，有時間就幫狗狗做一些鮮食並多帶他們出去走走，接下來的一整年就能頭好壯壯喔。

在春天時期，我們可以多留意：

☑ 發情季節

3～5 月是狗狗的發情季節，這個時期不管是母狗還是公狗，都會變得焦躁不安、性格乖戾，胃口也會比較差。發情中的狗狗容易便秘，食物上可以適量地增加一些粗糧與蔬菜，飲水也要補充足夠。

☑ 毛髮梳理

氣溫回暖後，一些在冬天會長出絨毛來維持體溫的品種狗——像是哈士奇、黃金獵犬、德國狼犬等——這時會慢慢地退去舊毛，如果沒有經常的梳理，會引起皮膚搔癢，也會影響體溫調節。

☑ 調整免疫力、預防病毒入侵

春天萬物甦醒、草木生長，正好是調整免疫力的時機。這季節雖然沒有冬天嚴寒，但早晚氣溫差異大，如果是像黑麻糬都在院子裡打轉的狗狗，這時期就容易被病毒入侵，此時給他們的食物性質要盡量溫和，避免油膩、生冷；烹調以蒸、煮的方式進行。食材我大多會選用：

（1）雞肉、魚肉：優質蛋白質可以幫助肝臟組織修復，且雞肉與魚肉性質溫和、容易消化，很適合作為春天料理的主食材。

（2）綠色蔬菜：當季的綠色蔬菜不但對我們好、對狗狗也很好，可提升免疫力、抗氧化，幫助生病中的狗狗增加自然修復能力。

夏天

氣溫越來越高的夏天，狗狗會跟我們一樣變得昏昏欲睡，一整天懶洋洋地精神不振。尤其這幾年台灣的夏季氣溫真是熱得嚇人，一身覆毛又很怕熱的他們會更不舒服──特別是寒帶品種，怎麼在居家上給他們一個涼爽的環境就很重要。這季節的胃口也會變得較差，狗狗體重會稍微減輕，只要不是太離譜的消瘦，都是夏季的正常變化。

在於夏天時期，我們可以多留意：

☑ 避免高溫外出、注意室內通風

氣溫太高時避免帶狗狗外出活動，尤其是柏油路及人行磚道，從路面升起的熱浪，會讓近距離接觸的他們很不舒服。如果已經習慣天天外出便便與運動的話，盡量選擇草地或樹陰下的環境，也可以調整外出時間，改為清晨或傍晚。

待在家裡的時候，幫狗狗留意環境通風、避免陽光直曬。如果剛從高溫的戶外回來，不要馬上強開冷氣，不管是人還是狗，都很容易中暑的。

☑ 飲食調整

除了水分要多補充外，可以在食物中額外加一些無調味的煮肉湯水或小魚乾高湯。如果狗狗的食慾總是很差，也能試著把食物放進冰箱稍微降溫一下，會比較爽口。

☑ 小心食物中毒

夏天除了高溫，濕度也高，不論乾糧或鮮食都很容易變質，如果狗狗食慾不佳留下沒吃完的食物，請直接收掉，免得放久了潮濕發酵。若狗狗出現嘔吐、拉肚子、全身無力的症狀，很可能是食物中毒了喔。

☑ 增加洗澡頻率、預防寄生蟲

洗澡頻率可以縮短至 1 週 1 次，怕熱的狗狗就算不喜歡洗澡，也能藉由淋浴調節身體溫度。夏天蚊蠅孳生，傳染病媒介也增加，洗澡可以預防寄生蟲的感染，選擇含有油加利成分的沐浴液，還能嚇跑已經寄居的跳蚤。

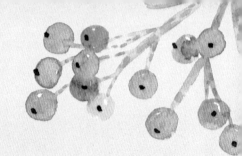

秋天

讓人提不起勁又沒有胃口的夏天過掉後，身體機能會下意識的告訴我們，可以開始多吃東西好準備過冬了。狗狗也是，在這季節他們的食慾會非常旺盛，活動量請適當的幫他們增加，免得一身肥肉不注意就上身。秋天與春天都是狗狗發情、繁殖的好發季節，所以也可以比照春天護理方式來照顧狗狗。

在秋天時期，我們可以多留意：

☑ 少量多餐
因為食慾變得旺盛，食物每天的總量可以增加 10 ～ 15%，但又擔心變胖，所以調整為少量多餐，讓狗狗增加能吃到東西的機會，滿足他那無止盡的口腹之慾。

☑ 適當補充油脂
很多人聽到要給狗狗補充油脂就會皺起眉頭、接著就想起胰臟炎……其實我也曾經很擔心，所以特別跟獸醫師討論過。狗狗並不是完全不能碰油脂，只是需要控制他攝取的份量。而秋季因為季節乾燥容易引發搔癢等皮膚病，所以適當的增加油脂對狗狗是不錯的──前提是，你的狗狗沒有腸胃消化功能的問題。可以每日幫狗狗在食物中添加 1/2 匙的植物油或魚油，若真的不想額外添加油脂，也能利用油脂含量較高的食物來補足秋日乾燥，像是梅花豬肉、雞腿肉。

☑ 增加運動量
運動量增加，除了幫忙消耗加量的食物熱量外，也能在溫差較大的秋天，幫狗狗增加免疫力，這樣到了冬天，才能維持良好的身體狀態。

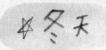

對長毛或寒帶品種的狗狗來說，冬天的到來是天堂般的享受。不過抵抗力較弱的小型犬還有短毛犬，一樣還是會覺得寒冷，太陽出來時多帶他們去曬曬太陽，幫怕冷的狗狗在冰涼的地板鋪上毯子或軟墊，讓腹部不會直接著地著涼。食量與秋天相同維持增加總量10 ～ 15%，不用效仿人類特別進補，不然會越補越傷身。

在冬天時期，我們可以多留意：

☑ 食物做好保暖
食物很容易涼掉的冬天，餵食前先幫他們把食物溫熱一下或過個熱水，但不用到「滾燙」。狗狗通常都不喜歡太燙的東西，一方面適口性不佳、一方面燙到了我們也很難注意到。飲用水也是，不要讓狗狗直接喝冬日冰涼的水，容易消化不良、腹瀉。

☑ 補充熱量
與秋天相同，狗狗這季節的食慾還是很旺盛，可以延續秋天飲食的總量，但不需要再額外補充油脂。活動力沒那麼旺盛的冬天，太多的脂肪量容易讓狗狗不知不覺胖了起來。

☑ 不要懶惰，維持外出活動
為了狗狗，再冷的天氣我還是會全副武裝帶他出門——全副武裝的是我，不是狗狗。不要因為我們自己怕冷就剝奪了狗狗一天最期待的時刻，尤其是出太陽的暖和日子，帶狗狗出去走走不只能取暖，還能讓紫外線殺殺濕冷狗毛裡的細菌。尤其因為食物與熱量的增加，更需要多點活動來消耗脂肪。我們也是，一舉兩得。

6. 一日活動量
Let's go running

黑麻糬一大清早會跟著我爸爸出門運動玩耍，
傍晚又會跟在我媽屁股後面一起去散步。
留在家裡時，只要咬一顆他鍾愛的
黃色小皮球來碰碰我，
我就又會陪他玩起瘋狂的你丟我撿

除了這些日常的固定活動外，
假日一家人的爬山、出遊、採買、探親，也都會帶著他，

調皮好動的黑麻糬，
擁有滿滿的活動量及外面世界的新鮮接觸，
在他的十五年狗生裡，
我想是非常快樂又幸福的！

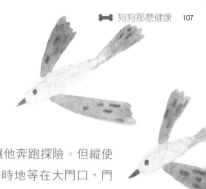

黑麻糬生活的花（菜）園約有兩百多坪，有滿滿的陽光與草地讓他奔跑探險。但縱使如此，他還是一直想出門，每天出門時間一到，他比打卡還準時地等在大門口，門一開，一溜煙已經飛奔千里之外。

對狗狗來說，「出門」這件事的意義，不只是離開家裡去跑跑步、運運動這樣而已，離開侷限的環境到外面的廣闊世界去，嗅嗅新味道的活化感知系統、聞聞不同狗狗屁股的社會化學習，這些微不足道、看似日常的行為，對他們生理與心理健全有很大的影響。但這些只有我們能幫他們做到，這也是上一章節最後，我想請你們養狗狗前先自我思考的部分，如果真的沒有時間帶他們出門走走，那請打消養狗狗的念頭，這就像是一個每天被關在家裡的孩子一樣，沒有外面世界的滋養與探索，再舒適的家裏也只是一只牢籠。

狗狗外出活動的參考時間：

這裡說的是「活動」喔，他們有動才算，如果只是坐在車子裡出門兜風，或是只是外出坐著，那就都不算在內。

小型犬：20 ～ 30 分鐘，1 天 2 次。
中大型犬：30 ～ 50 分鐘，1 天 2 次。

如果一天沒有辦法出門 2 次，那就拉長一次出門的時間也沒關係。
另外也要斟酌狗狗的健康情形，如果是幼犬、
老犬、病犬，那則酌量縮短外出活動的時間。

散步

出門活動不一定要劇烈的奔跑走跳，光是溫和的散散步，就能對狗狗健康起很大的幫助。尤其對幼犬、老犬及病犬來說，他們沒有充足體力跑起來，但只要能外出走走、曬曬太陽，就能補充生命能量。

散步對狗狗的幫助：

☑ 預防失智

外出時接觸到的所有人事物，都能刺激狗狗視覺、聽覺與嗅覺感知。在「動」的過程中，不只能活化神經系統，也能伸展身體肌肉與關節，這些讓他們感到愉悅的感受，都能降低狗狗老年失智的機率。黑麻糬一直都有非常充足的活動，這也是他老年時仍能一直像個活潑孩子的原因吧。

☑ 社會化學習

跟我們一樣，需要外出接觸新事物、不停地更新社會化機能。狗狗生活在人類的世界裡，不只是藉由外出時遇到的陌生人、新動物來學習社會化，現代世界中，更需要讓他們熟悉城市裡燈火霓虹與車水馬龍的新世界。當他們熟悉生活周遭的萬物後，就不容易大驚小怪，這樣便能減少亂吠、亂咬、亂便溺的失控行為。

☑ 增加親暱感

我看過有不少人只是公式化地帶狗狗出門大便，手裡仍不停滑手機，這對狗狗來說是很孤獨的。放下手機，全心全意地陪著狗狗散步，過程中可以一直與他說話：車子來了喔、走邊邊一點、今天好熱喔……這些沒什麼重大意義的閒聊，卻能在不知不覺間增加你們之間的親暱與聯繫。相信我，越常跟你的狗狗說話，他越能理解你在說什麼。如果總是抱怨你的狗不聽話，那先想想問題是不是出在自己身上？

☑ 補足運動不足

比起劇烈有氧的運動，散步更強調維持肌耐力的保養。最後狗狗那麼難捨的章節會提到，當一隻狗退化或生命消逝時，會從強健的後腿開始失去功能，所以保持狗狗肌肉的健康與活化，需要每天累積，散步就是很好的方法。

✦ 運動

對一些極度需要活動量的品種，溫和文靜的散步完全無法消耗他們的精力。像是活潑亂跳的米格魯、整天玩不停的柯基、吃很多拉很多的拉布拉多還有拆家破壞王哈士奇等。如果沒有讓他們適當的消耗精力，壓抑的能量會轉換成無法平穩的情緒與憂鬱。

怎麼判斷狗狗運動量不足：

☑ 發胖、身材走樣

吃飽睡、睡飽吃，狗狗也很容易就發胖，可以用 P87 健康管理中的身形圖來對照你家狗狗是不是太胖了。過胖的狗狗行動會越來越困難，行動困難之後又會越來越不想動，這樣的惡性循環想要導正回來會非常困難。預防勝於治療，在狗狗胖到無法行動前，快帶他動一動。

☑ 過度興奮、家裡搞破壞

充沛精力沒有得到一定程度的發洩，他們就會把目標轉移到家裡物品上，把對外面世界的探索冒險改為在家裡尋寶玩樂。每當連續下雨、無法出門的日子，黑麻糬就會特別喜歡啃咬鞋子跟紙箱，一方面發洩精力、一方面表達他的慾求不滿。

☑ 亂叫叫

總是沒有理由胡亂吠叫的狗狗，也要懷疑是不是運動不足導致。白天活動力不夠，到了晚上無法入睡，一點點聲響就會讓他情緒暴走亂亂叫。且這樣的情況若沒有得到改善，久而久之累積壓力後，除了吠叫，還會開始焦躁不安、失控咬人。

運動的方法除了外出奔跑，不怕水的狗狗也能帶他們去游泳戲水。改變不同的活動環境，對於喜歡新鮮事物的他們，光是忙著驚奇，就能從中消耗許多精力。其他像是玩丟球、飛盤等遊戲也是很好的運動。不過要注意，若是家中狗狗原本較少活動，不要一下子就帶著他們激烈玩耍，不只會嚇壞他們，也會傷害不夠敏捷的關節與肌肉。

7. 關節護理 Are you in pain?

許多品種犬的遺傳性疾病，都好發在關節與骨骼上，但除了遺傳性的原因外，狗狗的關節問題有很大一部分是由人類的無知或粗心造成。很遺憾的是，關節疾病是不可逆的，除非透過手術或是關節置換。所以關節護理在平日生活的預防上很重要。

✗退化性關節炎

退化性關節炎是一種慢性、長期、漸進的永久性疾病，在狗狗身上很容易發生，平均每5隻就會有1隻出現關節問題。它是指，關節與關節間避震緩衝用的軟骨磨損變形或是退化，導致狗狗一活動就會感覺疼痛。

關節炎容易發生在：

☑ **年紀大的狗狗**

老化後，身體無法生產足夠的膠原蛋白來維持軟骨結構，而讓關節磨損得越來越嚴重、越來越沒有彈性。

☑ **太胖與不動的狗狗**

因為過重的體重增加了關節的負重與壓力，因此磨損速度更快。而總是不喜歡活動或是活動量不足的狗狗，肌肉韌帶會慢慢萎縮、僵硬，最後便無法正常支撐關節活動。而太胖與不動之間又有密切關聯，兩者皆具的狗狗，關節就更容易出問題了。

☑ 太激動的狗狗

雖然狗狗需要足夠的活動量來發洩精力、維持健康，但過與不及都會造成傷害。愛從高處往下跳或是興奮地攀爬站立，這些劇烈動作除了增加關節負擔，也容易滑倒。動作敏捷的狗狗在快滑倒時會立即彈跳起來，這個「立即彈跳」的動作對關節就很傷。所以當狗狗太過激動時，請適度地安撫他，讓他緩和下來、避免激烈行為。

☑ 指甲太長的狗狗

當狗狗的指甲太長，他為了走路時不要壓迫到指甲，就會用奇怪的姿勢行走。這個非自然的奇怪姿勢，久而久之會造成關節受損，嚴重一點，甚至會不良於行。所以定期幫不能自行在戶外磨指甲的狗狗剪指甲，真的很重要。

椎間盤疾病

椎間盤，顧名思義，就是位在脊椎骨與脊椎骨之間，貌似小盤子，負責緩衝脊椎間的壓力。當椎間盤退化或異常脫出，就會使脊椎壓迫而出現問題。有些品種很容易會有椎間盤疾病，像是臘腸、柯基、貴賓與喜歡後腳跳立的米格魯。在這裡，我想特別特別跟你們說說關於後腳站立而導致椎間盤突出、脊椎受損的情況。

看著站起來走路的狗狗
大家都覺得好可愛，
可是，卻不知道這對他
是多大的傷害……

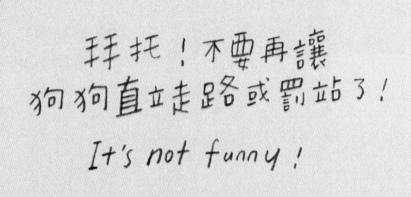

拜托！不要再讓狗狗直立走路或罰站了！
It's not funny !

你以為的有趣，其實是傷害

網路上常看到有人分享自己狗狗走路或是罰站的影片，我真的是看得一肚子火。這些看起來很逗趣又機靈的狗狗，其實身體正承受著極大的不舒服與壓力，但因為主人或旁人的熱烈鼓勵與讚美，讓他以為這是一件能讓主人開心的事，因此不停地做出這樣的行為。

為什麼不能讓狗狗站立？

與人類脊椎的構造不同，狗狗本來就是四肢著地的動物，他們在行走時，有 70% 的身體重量是由前腳支撐，剩下的 30% 才是後腳承受。當他們站起來後，所有身體重量將會超過後腳所能承擔的負荷量。長期下來，不只是關節受損、脊椎變形，嚴重的還會影響行走甚至癱瘓，而這種癱瘓有時會來得沒有徵兆、讓人措手不及，當你發現事情不對時，一切都太晚了。

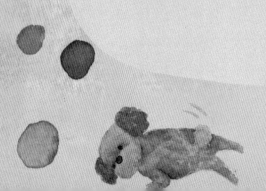

長期站立的狗狗可能出現哪些問題？

1. 關節磨損、關節炎

後腳長期支撐過重的重量，腿骨之間的膝關節和髖關節耗損大，容易發炎。

2. 椎間盤突出

不像人是直立行走，狗狗的脊椎與腰椎原本需要承受的負擔不大，站立後移位的重心會造成椎間盤突出。

3. 脊椎與後腿變形

如果人長期都用四隻腳走路，違反自然的姿勢很可能使脊椎與四肢產生變形，狗狗也是。嚴重的胸腰椎疾病還可能影響排尿功能，當排尿出問題後，接下來出現的就會是尿毒症與腎臟疾病。

4. 癱瘓

這種讓人類無聊取樂的站立姿勢，最常造成狗狗後腳癱瘓。因為椎間盤突出壓迫神經，突如其來的讓狗狗無法站立。小型犬身體機能本身就比較脆弱，若是再往前影響頸椎，那很可能四肢癱瘓。

5. 猝死

就像上面說的，小型狗的生命能量原本就比較脆弱，他不舒服時也不會表達，那些愚蠢的讚美與鼓勵讓他還想繼續站起來、博取歡笑，若是脊椎問題傷及腦幹，進而影響心臟系統，便會猝死。

大型犬沒有辦法站立走路，所以通常被訓練的都是小型犬，尤其又以被稱作泰迪狗的貴賓犬最多。捲捲的毛髮與小小的身軀，走起路來特別可愛，但這可愛背後，你能知道他有多痛嗎？哪一天他真的癱瘓了，你有能耐負起責任照顧他嗎？所以，請停止這樣盲目又無知的行為，拜託。

狗狗關節疼痛時，會有什麼表現？

說完了無知的狗狗站立後，我們繼續說說關節護理。關節疼痛不像外傷一樣可以被直接了當地發現，但讓人或讓狗都無法忍耐的關節痛，卻有很明顯的表徵。當一隻活潑好動的狗狗忽然有下列情形，那也請把關節不適納入疾病懷疑：

1. 忽然不愛出門了

之前有跟你們聊到「出門」這件事對狗生來說有多期待。當他忽然變得不愛出門，或是出門後走幾步路就停滯不前，那很可能是他的腳部關節正在隱隱作痛。

2. 身體僵硬，老是維持同樣姿勢

小小歐有一陣子常常肚子痛，我會發現的原因，是他總是維持同樣的姿勢、僵硬地站在某個地方然後動也不動。狗狗身體不舒服、努力的想要修復的當下，便會暫停所有動作，更何況是一動就痛的關節問題。關節不適的狗狗，睡覺起身時，動作會卡卡的且略顯僵硬，起身後又常常維持某個同樣的姿勢。

3. 顛跛蹣跚，甚至發抖

因為痛，走路時的摩擦會讓他一跛一跛；因為忍耐，全身就會開始發抖。

4. 不停舔拭關節處

我們肚子痛時，會下意識地摸著肚子，保護它，避免它再受到刺激。所以當狗狗腳關節疼痛時，也會不停地舔舐關節，甚至啃咬。

5. 觸摸時反應激動

有些關節炎會讓關節處腫大，我們在察看狗狗身體時習慣性地摸摸，會讓他嚇得跳開或生氣咬人，那也是他想避開疼痛的本能反應。

6. 便便或尿尿時無法蹲下

狗狗便便與母狗尿尿，都是用兩隻後腳蹲下的方式排泄，當關節疼痛時，這樣的動作對他們來說無疑是酷刑。這個觀察點是很日常的，在每天觀察狗狗便便的健康狀態同時，也能多看看他後腿蹲下的流暢度是否如常。

怎麼保護狗狗關節？

關節問題發生前：

☑ 居家環境與生活型態檢視

- 減少跑跳樓梯、跳遠跳高等太激烈的動作。若真的很難控制活潑好動的狗狗冷靜下來，那可以盡量選擇較軟的草地讓他活動，在家裡則鋪上軟墊，這些都能緩衝彈跳時對關節的衝擊力。
- 體重管理、定期修剪指甲，這兩項日常護理請幫狗狗把關。
- 年紀大的狗狗在用餐時，幫他把碗盆、水盆稍微墊高，能讓他的頸椎舒服一些。
- 檢視家裡的地板是不是常常讓狗狗滑倒？若是，請增加止滑或軟墊。

☑ 飲食補充營養素

- Omega-3 能抑制發炎、維持並修復關節組織。它在食物中取得很容易，幫狗狗做鮮食時，可以多選擇鮭魚、鯖魚等魚類，或者額外補充狗狗專用的魚油。其他在豆腐、牛奶、南瓜籽中，也富含 Omega-3。
- 可挑選含有消除關節疲勞成分的蔬菜，如高麗菜、花椰菜這類十字花科蔬菜。我們關節不舒服時，會有資訊建議我們多吃大蒜及洋蔥，但洋蔥對狗狗是有害食物；而大蒜必須限制它的食用量，兩者都需要謹慎小心。

關節問題發生後：

☑ 熱敷、按摩

- 當狗狗關節出問題後，並不是從此限制他行動，適度的活動仍然對身體修復有一定幫助。但為了降低疼痛感，在早上起床時、外出散步前、散步回家後這三個時機點，用溫熱的毛巾或熱敷袋在患處敷上 20 分鐘左右。
- 熱敷過後，可以用手指輕輕按壓患處周圍的肌肉——記得要避開痛處，不是往痛處直直按下去。按摩能促進血液循環、幫助肌肉生長，好分擔關節承受力。

☑ 藥物治療或手術

- 適量的止痛藥能減輕疼痛，若太過嚴重已影響生活起居，便要考慮外科手術治療。

8. 結紮 Don't mess around！

若沒有計畫讓狗狗繁衍，就必須依照《動保法》的規定，幫狗狗做寵物絕育。狗狗的結紮手術跟人不同，他們是將卵巢及睪丸整個切除，在母犬身上稱作：子宮卵巢拆除術；在公犬身上稱為：睪丸切除術。這種把整個器官摘除的手術，正確應該叫作絕育。

為什麼需要把整個器官摘除、而不是像人類一樣截斷輸卵管或輸精管就好呢？

把卵巢及睪丸整個切除，目的在於希望連「發情」這個行為都能根除。如果只截斷輸卵管或輸精管，賀爾蒙還是會不斷產生，狗狗發情季節一到，仍然會拚了命地想往外跑並且尋找對象交配。為了避免這樣的風險，所以在狗狗身上才會採用器官移除的方式。且若未將生殖器官移除，公狗容易罹患疝氣；母狗則可能會導致子宮蓄膿。

結紮有什麼好處？

結紮後──也就是不會發情後──狗狗的整體性格便不會隨著 1 年 2 次的發情周期而波動。情緒穩定了，就能減少走失、攻擊、暴躁這些負面行為。而在身體健康上，也能避免許多疾病的發生：

☑ **公狗能避免的疾病**

- 睪丸腫瘤、睪丸癌
- 攝護腺相關疾病
- 隱睪症、疝氣

☑ **母狗能避免的疾病**

- 卵巢腫瘤、乳腺腫瘤
- 生殖道感染
- 子宮蓄膿
- 也不用擔心發情期那滴滴答答的月經

什麼時候要結紮？

有些獸醫師會建議越早結紮越好，但需要等 3 次的基礎疫苗完整施打過後 1 個月才能進行，也就是狗狗差不多 5 個月大左右。但有些人擔心還沒有發育完全的狗狗若太早進行手術，整體風險會比較高，因此普遍都會等到狗狗 1 歲過後才進行。要注意的是，如果你的母狗狗在還沒有結紮之前就已經發情，那一定要等發情期過後 1 個月才能進行手術。

結紮的費用呢？

因為麻醉藥量的不同，通常結紮是依據狗狗的體重來計算；又因為手術複雜度，母狗的手術費用會高於公狗。大、小型犬的體型差異很大，體重換算下來，約是 1500 ～ 4000元左右。但這不含術前的檢查費用，所以加總後可能會落在 4000 ～ 6500 元上下。不過現在各縣市政府也有補助方案，可以查查各縣市的動物防疫所網站資訊。

結紮手術前 & 後，要注意哪些？

結紮手術前：

☑ 檢查狗狗身體狀況

確定狗狗沒有感冒、拉肚子、食慾不振等不良狀況。也可以透過血液檢查來徹底檢視狗狗有沒有任何不適合全身麻醉手術的潛藏疾病。

☑ 保持空腹

跟人類手術前相同，在一定的時間範圍內是禁食禁水的，避免手術過程胃中食物或液體逆流至氣管或肺臟，而引起發炎甚至窒息，禁食時間請與獸醫師確認。

☑ 可先身體清潔

因為手術後的傷口不能碰水，復原期也有一定時間（約 7 ～ 14 天），所以術前可以先幫狗狗清潔身體。為什麼說「清潔身體」而不是「洗澡」呢？手術前的健康狀態很重要，盡量避免可能身體不適的風險。可以用濕毛巾幫他們擦擦身體與腳腳。

結紮手術後：

☑ 傷口不能碰水

傷口復原是這階段最重要的事，碰水很容易引發細菌感染。最好在回診時，讓醫生檢查復原狀況良好之後再來洗澡。

☑ 戴上羞恥圈

不要讓狗狗去舔舐傷口，選一個漂亮可愛的羞恥圈幫狗狗戴上吧。

☑ 避免激烈活動

縱使狗狗在手術後復原能力超強、開始活碰亂跳，也要及時制止，不然太過激動會讓傷口裂開。這時期要避免外出運動、散步，減少衝撞或傳染病感染。

結紮之後可能會出現的症狀與行為改變

畢竟是摘除分泌賀爾蒙的生殖器官，因此不管對生理或是心理，多少都會有影響。但這些影響並不是絕對——也就是不一定會發生在每隻狗狗身上。我列出幾項可能出現的變化，你們可以當作參考但不用過度擔憂。

1. 懶洋洋地愛睡覺

身體缺少賀爾蒙後新陳代謝變慢，狗狗整天懶洋洋的，睡覺時間也比以前更長。不過這樣的情況通常會隨時間慢慢好轉，如果你能更常帶他出去遊玩、用新事物刺激他，那麼恢復的情況會更好。

2. 好像變胖了

在路上看到背部寬狀、行動緩慢的狗狗，長輩都會說：那隻一定有結紮。其實不是每隻狗狗都會變胖，不過因為新陳代謝緩慢，再加上沒有發情期的能量耗損，的確一不小心就會發胖。結紮之後的飲食量可以稍微減少，並盡量選擇低脂食物。也能拉長帶狗狗出去運動的時間與強度，雙管齊下就能維持漂亮身材了。

3. 骨骼生長異常？

我們常常聽到一種說法：「狗狗太早結紮，就會長不大啦。」認為過早結紮會影響骨骼發育、讓生長停滯。但這種說法沒有具體實證，所以並不完全是對的。不過，有一些資訊也有提到，結紮之後體重增加過快的狗狗，的確會間接影響骨骼與關節，這就是上一章節說的：體重過重與不愛動，都有可能會讓關節出問題。如果真的擔心影響骨骼生長，那就等狗狗一歲發育完全之後再做結紮手術。

9.懷孕 Having a baby

一直想要有一窩小麻糬的我們，後來因為動保法的規定，讓黑麻糬沒能留下後代，但我們的第 3 隻狗狗──旺旺，卻曾經莫名地大了肚子。

旺旺是許多年前，我們到自行車道騎車時偶遇的浪浪。那天，假日的自行車道很多遊客，金黃色的她卻只跑來跟我們打招呼，當時候正要穿越鐵橋隧道的我對她說：「你在這裡等，如果我們騎過隧道再回來時你還在，就帶妳回家。」

然後，她就成為花園的一份子。

她是我們養過的狗中少數的母狗，因為是母狗，我們特別留意她發情期時的隔離，所以從沒想過她竟然會大了肚子，還是因為旁人越看越不對勁，指著她的肚子問：「是不是有小狗了？」才一語驚醒夢中人，盯著旺旺肚子的我們，都有一種霹靂的衝擊：「到底是誰的？？」從鄰居的小黃懷疑到親戚的小黑，再從巷口的阿雄懷疑到街尾的阿勇，最後我們將目光移回當年剛長大成人的黑麻糬身上，沒說出口的懷疑從銳利的眼神中直直向麻糬射去。

黑麻糬雖然成為疑雲中頂罪的犯狗，但其實我們都知道他是無辜的，有些事，文藝氣質的書裡不好說，只能說黑麻糬就是個想要卻不敢要的羞澀青少年。所以旺旺的肚子究竟是誰弄大的，至今仍然一團謎雲。

3
EMBRACE LIFE CREATE LIFE
JANHSUANS
welcome
0324
50/3
40/3
HON

動物保護法自 2015 年起，規定飼主都必須幫家中的犬貓進行絕育。如果想幫家中寶貝留下後代，就必須請獸醫師評估並開立適於生育的診斷證明並申報繁殖需求。讓我們飽受驚嚇的旺旺懷孕記那個久遠年代，絕育的觀念並不普及，常常能聽到誰家的狗狗又生了一窩小狗。雖然這樣的情節在現代已經不常發生，但若你們有繁衍的計畫，那麼關於狗狗的懷孕，我想分享一下當年的故事。狗狗整個懷孕週期約 9 週 (63 天)，初期時，很難直接從視覺上發現，當「看得出來」的時候已經滿一個月。不過藉由一些週期上的變化與推敲，還是可以預先知道你的狗狗是不是即將帶來新生命。

狗狗是不是懷孕了？

☑️ 乳頭顏色變化

懷孕約 2 ～ 3 週，狗狗的乳頭會率先提出暗示，顏色會從粉嫩的粉紅色變成比較深的暈紅色。乳頭周邊的毛髮在這時期會慢慢脫落，再加上乳房下垂，所以乳頭會比平時顯得更突出。到了第 4 週時，狗狗乳頭會變成明顯的圓球狀。

☑️ 嘔吐、食慾不振

跟人一樣，狗狗懷孕初期也會有嘔吐的害喜現象，約發生在受孕後 3 ～ 4 週。這時期因為嘔吐的不舒服，精神會比較差、昏昏欲睡。這種狀況會持續兩星期左右。

☑️ 體型變化、頻尿

在 5 ～ 6 週時，視覺上就能從隆起的肚子看出明顯變化。因為前期的食慾不振，狗狗比較不會是因為吃太多而變胖，如果再加上頻尿及突出且圓潤的乳頭，那懷孕這個事實就八九不離十了。

所以整理一下，狗狗整個懷孕的週期，一般用 3 個階段來區分與護理：

第 1 階段	01-30 天	懷孕前期。這時期對狗狗整體照護不需要做太大改變，只要留意不要做太過激烈的活動，免得流產。
第 2 階段	30-45 天	肚子裡的寶寶開始成長了。因為胎兒的壓迫，狗狗會一直想尿尿，請給她一個舒適且不需要憋尿的環境。
第 3 階段	45-60 天	明顯看出肚子隆起，後期還能感覺到胎動。這時期的狗媽媽容易肚子餓，請多幫她補充營養食物。

狗狗懷孕時，如何照顧？

☑ 日常照護

- 繼續保持適當運動。不要因為狗狗懷孕了就不讓她外出活動，除了激烈運動外，每天外出散散步、曬曬太陽能促進血液循環、增加食慾，也能讓分娩過程較順利。
- 懷孕第 2、3 階段不要幫狗狗洗澡。尤其是寒冷的冬天，這時期抵抗力較弱、容易生病，且狗狗懷孕期間避免用藥，生病的話，治療就變得棘手。
- 有些狗狗懷孕時性情會改變，有些變得平穩安靜、有些變得敏感易怒，不論如何都請耐性的對待她，讓她保持愉悅的心情迎接分娩。

☑ 飲食照護

- 第 2 階段後，胎兒會慢慢壓迫狗狗胃部，請幫她把食物改為少量多餐，每一餐的份量不要太多，避免狗狗吃後嘔吐。
- 飼料改為幼犬專用飼料。幼犬飼料強調蛋白質、熱量與鈣質，可以在同樣的份量內補足媽媽和胎兒的營養。
- 第 3 階段開始，每天另外補充優質蛋白質，像是雞胸肉、鮭魚肉、蛋。也可以給狗狗一些好消化的蔬菜，增加纖維質幫助排便順暢。

☑ 環境照護

- 充分休息。狗媽媽懷孕時不要讓她受到驚嚇，給她一個安靜空間讓她保持平穩的心情，也才能在睡眠時獲得好質量的休息。
- 避免冰涼的磁磚地板，幫她鋪上毛巾或軟墊，夏天注意通風、冬天注意保暖。
- 懷孕時比較頻尿，幫她準備好報紙或尿尿墊，讓她能放心排泄，不憋尿。
- 準備一個乾淨、乾燥、光線充足、空氣流通的環境讓狗狗準備生產，並放一個育兒箱，或在房間角落打造一個小窩，鋪上軟布，好吸收狗狗破掉流出的羊水。

狗狗孕期雖然很短，但也不能大意。跟所有的母親一樣，需要有足夠的能量去孕育下一代，我們從旁協助與陪伴，能夠給狗狗很大的力量跟信任。好囉，狗狗終於來到分娩的那天了，我們的心情一定會很緊張，但不用太過焦慮，動物有她們自己繁衍孕育的本能，我們只需要特別注意生產過程有沒有發生意外，做好能隨時出發去醫院的準備。

狗狗是要生了嗎！！？？

狗狗通常會在半夜或清晨生產，即將生產前有一些徵兆與動作：

☑ 停止進食

生產前一天食慾有明顯改變，只吃一些她愛吃的東西或是完全停止進食。

☑ 焦躁不安、呼吸急促

不停用前腳抓地板、身體來回轉動、背部拱起。當腹部開始有用力、收縮的感覺時，狗狗已經開始陣痛了，這時呼吸會變得急促，隨時都會產下寶寶。

小狗狗出來了！！！

就像剛剛說的，動物的母性會引導她生產時的每一個下一步，我們不需要去做任何干涉，也不要在旁邊叫囂鼓舞或撫觸母狗 ，只要靜靜地陪伴與觀察就好。旺旺在生產時，我們給她完全的獨處空間，讓她隨著動物自己的本能去處理所有，我們相信這樣沒有過度人工干預的回歸自然，能讓狗狗更感覺放鬆自在。

☑ 舔舐狗寶寶

寶寶出生時會包在一層膜裡面，狗媽媽會把膜舔開、咬掉臍帶，然後把膜與胎盤一起吃掉。之後狗媽媽就會不停地舔舐寶寶身上的黏液，一方面幫他保暖、一方面刺激寶寶呼吸。

☑ 分娩間隔

狗狗是多胎生，在生完一胎後，會間隔約 20 ～ 40 分鐘再開始陣痛、準備生產下一胎。如果有很多隻狗寶寶等著出來，那這個過程就會不停重複。

☑ 產後哺乳

結束生產後 4 ～ 5 個小時，狗媽媽會慢慢起身去尿尿。經過稍稍活動，奶水開始分泌，狗媽媽會繼續舔拭寶寶，寶寶也會本能的靠近媽媽找奶喝。

狗媽媽生完孩子後

☑ 協助清潔

這時候你幫狗狗打造的育兒箱（或窩）應該已經髒濕，幫她換上乾淨的軟墊。如果狗媽媽願意讓你碰觸她，就用溫濕的毛巾，幫她擦擦外陰部、乳房及弄髒的身體。

☑ 少量多餐、補充營養

剛分娩完不會想吃東西，但可以給予一些水分、牛奶或軟爛的水煮蛋。生產後 24 小時就能恢復正常飲食，請繼續餵食幼犬專用飼料，但記得一樣維持少量多餐。

☑ 小心護犬神經質

有了寶寶後，狗狗保護幼犬的母性本能會讓她變得兇巴巴且神經質。生產完到哺乳期（約生產後 45 天內）這段時間不要讓陌生人靠近。有些比較敏感的狗狗甚至也不喜歡主人靠近自己與幼犬，不過這情況會在哺乳期過後慢慢改善。

旺旺後來生了
褐色、棕色、咖啡色
三隻小狗，
我們送養兩隻，
留下棕色小狗，
叫牠小小旺

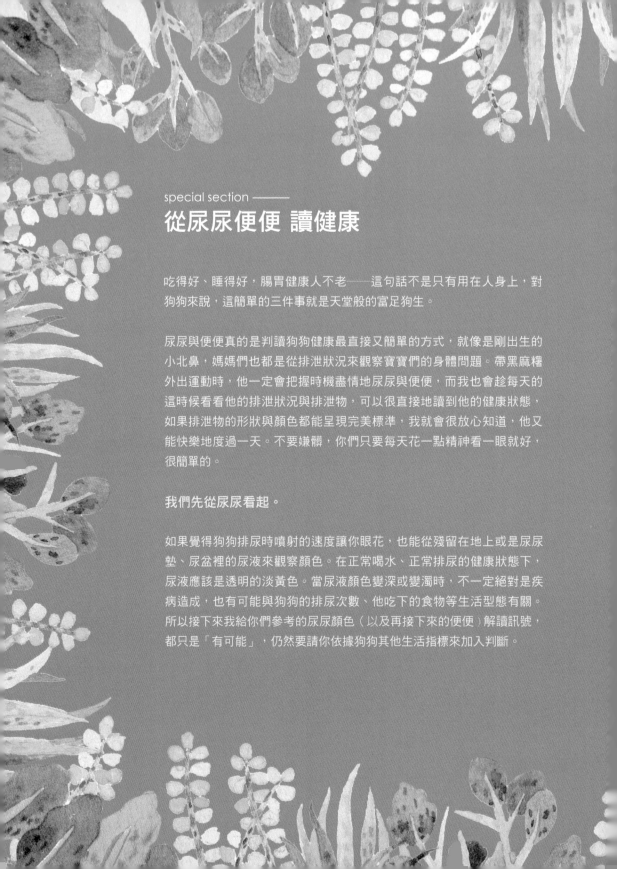

從尿尿便便 讀健康

吃得好、睡得好，腸胃健康人不老——這句話不是只有用在人身上，對狗狗來說，這簡單的三件事就是天堂般的富足狗生。

尿尿與便便真的是判讀狗狗健康最直接又簡單的方式，就像是剛出生的小北鼻，媽媽們也都是從排泄狀況來觀察寶寶們的身體問題。帶黑麻糬外出運動時，他一定會把握時機盡情地尿尿與便便，而我也會趁每天的這時候看看他的排泄狀況與排泄物，可以很直接地讀到他的健康狀態，如果排泄物的形狀與顏色都能呈現完美標準，我就會很放心知道，他又能快樂地度過一天。不要嫌髒，你們只要每天花一點精神看一眼就好，很簡單的。

我們先從尿尿看起。

如果覺得狗狗排尿時噴射的速度讓你眼花，也能從殘留在地上或是尿尿墊、尿盆裡的尿液來觀察顏色。在正常喝水、正常排尿的健康狀態下，尿液應該是透明的淡黃色。當尿液顏色變深或變濁時，不一定絕對是疾病造成，也有可能與狗狗的排尿次數、他吃下的食物等生活型態有關。所以接下來我給你們參考的尿尿顏色（以及再接下來的便便）解讀訊號，都只是「有可能」，仍然要請你依據狗狗其他生活指標來加入判斷。

① 尿尿顏色解讀訊號

透明淡黃	濁濁的黃	深黃	帶紅的黃	黃褐色
正常的尿液，應該是透明的、帶點淡黃的顏色。	若正常的淡黃色中，感覺得出來有些濁濁的、不那麼清澈，那麼有可能是細菌感染。	撇除可能是憋尿太久之外，黑麻糬後來因肝臟問題出現黃疸症狀時，尿液也是很深的黃色。	紅血球受損、嚴重脫水或是膽囊、肝臟疾病，導致尿液呈現偏紅的橙色。	尿液中帶有血液則會呈現褐色，比如誤食洋蔥、辛香料等造成食物中毒。顏色若再更深偏黑，那就很嚴重了。

- 尿尿姿勢怪異或是出不來？
  除了尿尿的顏色，當狗狗尿尿姿勢卡卡的，或是有尿尿的動作卻遲遲沒看見尿液出來，那有可能是尿道阻塞、發炎或是腎功能異常，趕快他到醫院檢查，避免狀況持續惡化。

② 便便形狀解讀訊號

便秘

很乾、很硬，便便是一顆一顆地掉出來，這是狗狗便秘啦，快幫他補充水分。

形狀比較完整，但有裂痕，略顯乾燥，是不是喝太少水呢？

圓筒形狀，表面光滑無裂痕，這個便便形狀很完美喔。

質感偏軟，形狀不那麼圓筒，撿起來時會有明顯的指印。

幾乎不成形，含水程度高，也沒辦法用手撿起來的狀態，狗狗肚子應該不舒服了。

一灘瀉下，完全沒有硬質便便，快帶他去醫院檢查是不是吃壞肚子或生病了。

腹瀉

有異物

出現便便以外的東西，狗狗可能誤食了他無法消化的食物或不明物品。

黑麻糬小時候長牙時，什麼都咬、什麼都放進嘴巴。有一次看見他竟然大出被橡皮筋纏繞的便便！還有一次是調皮地把花盆裡的青椒籽偷偷吃下肚，然後大出了一顆一顆綠色的史瑞克便便。幸好長牙過程一路有驚無險，不過這兩次怪物便便真的讓人想永久紀念。

③ 便便顏色解讀訊號

跟我們一樣，健康的狗便便從黃色、黃褐色、棕色到咖啡色都還算正常。有些太過怪異的顏色就是身體反應的警訊，請觀察一下：

太黃	偏紅	暗黑	灰濁	深綠
有時狗狗鮮食中過多的碳水化合物，會讓便便呈軟軟的黃色。像是米飯、麵類、豆類、水果等。	偏紅或帶有血絲，可能是消化道或肛門出血。急性腸胃炎也會大出紅紅的便便。	上消化道出血，或是吃了太多富含鐵質的食物，如紅肉、肝臟等。	吃了太多骨頭，便便除了呈灰濁色外，質地也會比較乾，一捏就碎掉。	腸道消化不良、腹瀉或酸性過高時，便便會有一種帶綠的深棕色。

狗狗那麼歡樂

1. 與你更親近 Close to you.

2. 一起玩遊戲 Hang out with me.

3. 你不孤單 You are not along!

4. 幫你鬆鬆 Take it easy.

七隻狗狗中，
黑糠糬是最常與我們一起出遊的，
爬山涉水、購物郊遊，
牠都曾經參與，
接收滿滿新鮮事物的牠，
腦內啡大爆發！
總是碰碰跳跳、
活力充沛！

從花園小屋越過自行車道、再越過一條溪流，就能到達可以俯瞰山城的爬山步道。黑麻糬非常喜歡跟著我們一起去爬山，雖然路程很長，但他一路都不喊累也不要求抱抱，總是能精神抖擻，像部隊班長一樣，來回催促我們加快腳步。

一踏入登山口開始，黑麻糬就會秒催油門、猛往山裡面直直衝去。我們就算轉檔無影腳也不能追上，然後等他再回來尋人時，已經是白狗一隻，全身灰頭土臉。

我們很納悶他在山的深處到底發生什麼事？直到一次，我們補足能量飲料後，綁上頭巾、燃起鬥志，手刀般直直的在他旋風後面追著，終於發現真相。

在一個地勢較低的山凹轉彎處，積了厚厚一層下雨過後堆積的泥巴，泥巴在太陽直曬下，乾燥得像是一池麵粉。黑麻糬對這池麵粉愛得瘋狂，從知道要來爬山的時刻起，如同孩子盼望遊戲場的球池，他心心念念、鎖定目標，直衝這個想很久的麵粉池。只見麻糬像跳遠選手一樣，從池外幾公尺處開始助跑，接著一個奮力跳躍，在最高處瞬間俐落轉身，用無人能阻擋的信念，如熱狗裹麵糊那樣，把自己的身體在池裡翻來滾去、滾來翻去，直到裹上厚厚一層泥巴灰才滿意起身。一路山友跟我們一樣，目瞪口呆，在一旁看得久久不能自己。

真相大白，但動機未明。

我們只知道，回家後又要換兩身衣服——換下身上的運動服再換居家服，然後再換一身新的衣服假裝出門——哄騙黑麻糬去洗澡。

1. 與你更親近 Close to you.

★ 摸摸

狗狗非常非常喜歡給人摸摸，但這不是一件單向的情感索取。我們在撫摸他們時，從手掌心傳遞了對他們的愛，同時，也從掌心接收他們對我們的依賴。在這個很容易執行的動作中，我們可以輕易地與狗狗一摸一摸的築起堅固的情感高牆，所以有事沒事對你的狗狗摸一把，絕對是讓你與他更親近的方法。不過狗狗也不是全身上下都喜歡被摸光光，有些部位對動物而言，是不可侵犯的敏感地帶，先弄清楚哪裡能摸、哪裡不能摸，才不會反倒弄壞感情。

狗狗喜歡被摸的地方：

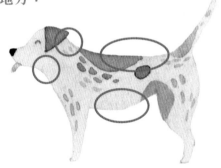

☑ **下巴、頸部**

摸狗狗下巴時，他可以看見我們整隻手，知道我們沒有拿武器並正打算做什麼，所以會讓他們感覺很安心。從下巴延伸到兩邊的頸脖部，都是狗狗很喜歡被觸摸的位置。如果是要讚許狗狗，可以改用輕拍的方式。

☑ **耳後方**

狗狗耳朵後方有很多神經，觸摸這個位置有一種「馬殺雞」的感覺，可以讓狗狗整個舒緩、安靜下來，當希望瘋狂過動的狗狗冷靜下來時，也可以摸摸這個位置。

☑ **背脊**

從背前方順著毛髮往後摸，這個順順的路徑可以讓狗狗異常滿足，知道自己是被喜歡、被重視的。

☑ 肚子

肚子就不用多說了，之前也有特別聊到狗狗露肚皮的習性，再往前複習一下吧！

狗狗不喜歡被摸的地方：

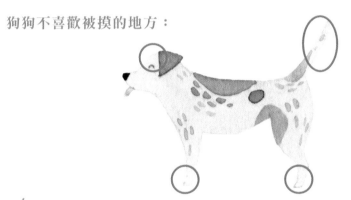

☑ 頭部

你們一定覺得奇怪，狗狗不是最喜歡人家摸頭嗎？對自己熟悉的狗狗來說，頭部的確是他們很喜歡被摸摸的地方。但頭部被摸，有一種主權與屈服的意味，對一隻不熟或是陌生的狗，千萬不要貿然去摸他的頭部，警戒心較強的狗狗是會反擊的。

☑ 尾巴、腳與爪

這兩處都是狗狗很敏感的部位，尾巴要保護肛門腺散發出來的氣味；而腳爪則是汗腺位置，這兩個地方狗狗都不喜歡被碰觸到。小小歐被摸到腳爪時會像觸電一樣閃躲，而很有個性的黑麻糬就更別說了，為了保全手指頭，我一點也不想摸他的爪子。

這裡提到的喜歡與不喜歡，是對「大部分」的狗狗來說，但還是會有例外情況，像是麻糬就不喜歡人家摸他的下巴——起因是他不喜歡人家做出伸手要東西的樣子，摸下巴會讓他有那樣的錯覺——但他卻會毫不吝惜地露出肚子讓我摸個夠。因此還是要依你們家那隻老大的個性來判別撫摸的位置。

✦ 正向相處 & 訓練

我們家第一隻狗狗——狗佛仔，是在我大學時來到家裡的，當時我在外地求學，對於從沒跟狗狗相處過的我來說，在狗佛仔的有生之年，與他幾乎僅止於相敬如賓的點頭之交。那時候曾聽鄰家長輩說：「狗就是要打才會聽話」，現在想起來，這種迂腐孤傲的觀念真讓人作嘔。舊時代狗狗只是做看門、防盜之用，用「打」來教導似乎成為一種陋習。但現在不只是愛護動物的意識與時俱進，狗狗更是人類家庭成員的一份子，對一個就像 2 歲孩子的動物，打，只不過是人類自以為是的威權行為。

「正向訓練」是避免處罰、不需恐懼，一個更有效、更人道、更與狗狗親近的相處方式，選擇一個「你家狗狗喜歡」的方法來重複他好的行為，是一件人狗都開心的雙贏好事。

進行正向訓練前，我們要先知道：

你們會想，我家狗狗就只需要讓我疼愛就好，我沒有要他當警犬、緝毒犬或是多了不起的狗狗啊？為什麼還要訓練？所以為了避免你們誤會，我特別在訓練前面加上「相處」。

我也不喜歡「特別訓練」我們家的狗做些什麼事，衷心希望他的狗生快樂就好。但其實在與狗相處的每件日常事項裡，都需要讓狗狗懂「自己家的規矩」。比如，有些人家裡可以讓狗狗上沙發、有些不行；有些人讓狗狗跟自己一起用餐、有些要狗狗耐心等大家吃完才能換他進食，這些都是「自己家的規矩」。

要狗狗懂規矩就需要訓練，哪怕是最微小的一個坐下，也是一種訓練。而最有效的訓練方法，相信我（好像已經要你們相信我很多次了），絕對是正向的獎勵與讚許，這就是正向訓練。

正向訓練的無痛、無懼，不只讓狗狗表現更好，也能讓他與你更親近。

正向訓練的基本準則：

1. 避免壓迫性逞罰

　　正向訓練有很多不同的理念，有些認為不以任何方式造成狗狗生理或心理傷害才是正向訓練的準則，但有些主張可以搭配負逞罰——中斷進行、拿走玩具、用聲音嚇阻這種不讓狗狗身體受傷的逞罰———一起進行、但需要將負逞罰降到最低限度。

　　我覺得，要選擇哪種方式還是要看自己家狗狗的個性，像很愛撒嬌的黑麻糬卻很有自己的主張，用負逞罰會讓他敏感又易怒，但若使用完全正向鼓勵，他就變得服軟又撒嬌。而與黑麻糬完全相反的小小歐，脾氣好、很聽話，但軟綿綿的，沒有想法和個性，有時候也不知進退，所以就需要用一點負逞罰來驚醒他那軟趴趴的性格。

　　但不論是哪一種，最基本的準則就是不能傷害他們，不管是生理或心理。如果你一氣起來就瘋狂飆罵又亂摔東西，這樣縱使沒有傷害到狗狗的身體，卻也已經嚇壞他了，當狗狗產生心理陰影後，就會慢慢疏離與你之間的距離。

2. 認知狗狗是動物不是人

　　雖然狗狗是家庭的一份子，跟著我們生活起居、吃喝拉撒，但他還是動物、不是人。因為是動物，他們保有許多動物的本性（野性），所以不要太過理想化，以為做了很透徹的正向訓練，狗狗就能從此品行端正。當遇到一些突發狀況時，還是會有問題發生，正向訓練是一種長期內化，不可能當下馬上解決問題，只能在事後慢慢地修正導善。

　　且當我們清楚認知再怎麼聰明的狗狗仍是一隻動物後，他們的很多行為我們就能忽略並放寬心，像是聞大便、咬東西、磨蹭髒地板……等。訓練自己是一隻溫良恭儉讓的動物，也不要強求狗狗成為溫良恭儉讓的人類。

3. 站在狗狗的角度來思考

在進行訓練前，先從狗狗的角度出發，汲取狗狗的習性知識、認識狗狗的獨特個性、了解狗狗的感官認知。這樣說好像很籠統，其實就是這本書前半部所有跟你們聊的狗狗事。像是他們表達開心不會拍手而是搖尾巴；他們發情不是寫情書而是想辦法騎跨。從狗狗的角度來看待所有問題，才能進入訓練的根本，並與自家狗狗建立信任關係，有良好關係後，訓練過程就能夠減少挫折與磨合。

當然，正向訓練不是只有我說的那麼簡單，它是一門很專業很深入的心理學知識，也需要訓練師的專業技能才能達到最良好的訓練。但一開始也說了，我們沒有要狗狗出人（狗）頭地，只希望他快快樂樂的，所以在這裡，我們只要了解基本概念就好。

接著，試著把「正向訓練」想成「正向相處」。在我們這種平凡人狗關係中，最簡單的正向相處，就是利用狗狗喜歡的東西來強化他好的行為。

正向相處時，我們可以利用的增強物有：

☑ 他愛的零食

因為是零食，所以不是像正餐那種常態性可以獲得的餐點，再加上是「他喜歡」的，那麼這個東西的出現就能讓他小鹿亂撞、意外驚喜。有過強烈悸動後，狗狗為了再次得到這個悸動物，就會想辦法重複好棒棒的行為。

☑ 玩耍互動

狗狗一整天都很期待跟你一起玩遊戲，如果在他做對一件事後，立刻跟他玩耍，即使只有3、5分鐘也足以增強他的行為信心。玩耍的方式也請以狗狗的角度思考，不要邀請他玩手遊或是大富翁，只要簡單地用一塊布你拉我扯或是丟丟球，對他就是世界上最好玩的遊戲了。

☑ 讚美與獎勵

對狗狗的讚美不需要精深美化的用字遣詞，你說的「好乖喔」、「怎麼那麼棒」、「不得了啊」對他都是火星語，他之所以知道你在讚美他，完全是從你的語氣、表情與附加動作來判斷，像是用愉悅的娃娃音然後搭配撫摸、拍拍或是給他一個零食等動作。所以即使你用開心的語氣對他說「你很壞」，狗狗一樣會開心地飛上天。

☑ 摸摸

前一章節有說到狗狗是多麼喜歡讓人摸摸，所以撫摸也可以作為一種正向的增強物，但記得是要摸狗狗覺得舒服的地方喔，摸錯地方就變成處罰了。不過這種正向增強比較適合文靜的狗狗，在他一整天都乖乖又穩定的狀態下對他撫摸按摩，他便會在這樣舒服的互動中知道那是他安靜一天的獎勵。

選擇一個對你家狗狗最有效的增強物來進行正向相處，大部分是食物的效果最好，但因為每隻狗狗有不同的個性，若是遇上對食物沒有什麼興趣的狗，那麼「零食」這個增強物就沒輒了。或是對一隻充滿畏懼又緊張的狗狗採用摸摸的方式，那只會讓他嚇得大小便失禁──膽小的小小歐在小時候曾被我嚇得失禁，結果清了我老半天、懊悔不已。

所以要選用哪一種增強方式，還是要請你先了解自己狗狗的個性與喜好。

在整個正向訓練或相處中，我們一定會有感覺挫折或惱怒的時候，嘿，沒有那麼嚴重，放慢腳步、放寬心情，用輕鬆的態度來看待，不需要太過嚴肅。想想我們的初衷，也只是希望狗狗快樂而已，既然如此，那就用一生來試吧，不要著急。

麻糬很愛對來送信的郵差亂亂叫，
每天送信時間麻糬就會在大門口預備，
郵差才到巷口牠就開始叫了，
這個儀式沒有一天缺席。
一個炎暑的午後眼看即將下雨，
郵差又膽戰心驚來到，
麻糬正準備開口時，天空落下一個響雷

「哐啷！」

嚇得牠一聲哀號夾著尾巴逃走，
從此，送信時間一到，麻糬就會失躲起來，
郵差再也不害怕來我們家了，
我想，這是一個讓麻糬
驚心動魄的有效負懲罰

2. 一起玩遊戲
Hang out with me.

撇開有點煩人的訓練，讓我們開心地跟狗狗玩遊戲吧！

狗狗的一日活動量可以利用散步與運動來達成，如果你的體力夠好，也請試著跟狗狗玩遊戲。在跟他們遊戲的過程，不只可以增加活動量的累積，也可以扭轉你們之間若即若離的關係。狗狗跟小孩一樣，非常非常喜歡玩耍，尤其是「跟你玩耍」，因為在遊戲中，他知道你是全心全意專注在他身上的。如果你的狗狗平時不怎麼聽你的話，而你正準備對他做正向訓練，在此之前可以先跟他玩玩遊戲，他會覺得原來你除了給他飯吃外，也是一個滿有趣的生物，然後漸漸對你產生喜歡與依賴。

我沒有特別買什麼玩具給黑麻糬玩，除了小孩玩膩所以丟給他的幾顆球外，其他的遊戲道具都是隨手捻來。我們最喜歡玩的東西就是一塊臭布——一塊會被麻糬拿來發洩騎跨的臭被被。麻糬會咬著那塊比他大的被被，用力甩頭吸引我的注意、邀請我跟他一起玩，玩的方式不用動腦筋，就是你拉我扯、你追我跑、你甩我抓、你咬我放這樣，很瘋狂，能讓人狗雙方玩得不亦樂乎、精疲力盡。

這裡我想介紹幾個我們常玩的遊戲給你，
都很簡單但很有趣。

麻糬走後，
那塊臭被被就再也不曾騰空飛起，
我想念那臭臭的味道，
也想念那你追我跑的時光

你拉我扯

需要什麼？

☑ 一個耐拉扯、大小剛好的軟物品，像是抹布、繩子。

寵物店也有賣專門給狗狗玩的拉扯道具，只是狗的咬合力量很大，玩具一下子就會玩壞，所以如果家裡有不要的布或舊衣服就能拿玩遊戲了。

怎麼玩？

- 就跟拔河一下，他拉拉、你扯扯。
- 中途試著放手讓狗狗咬走，不要擔心，為了跟你玩，他會馬上回來的。
- 他一回來，就作勢跟他搶奪，會增加遊戲刺激感。
- 注意不要太過粗魯，不然狗狗牙齒與下顎可能受傷。
- 你不要總懶惰地站在同一個地方，試著左右移動或前後奔跑，會讓遊戲更有看頭，狗狗也才不會失去耐心。

✿ 捉迷藏

需要什麼？

☑ **一個夠大但有界限的空間**

太小，狗狗一下就找到你不好玩；沒有界線，狗狗會一找天荒地老、迷失方向。所以選一個有圍欄、有樹、有草叢的公園最剛好。

怎麼玩？

- 趁狗狗專心在聞聞嗅嗅的時候躲起來。
- 雖然躲起來，但還是要偷偷觀察狗狗有沒有在找你或找的方向對不對，要是他完全沒打算找你，那你傻傻躲在那裡會顯得很笨蛋。
- 如果他找的方向不對，可以輕輕發出嘶嘶的聲音吸引他前來。
- 在他即將找到你的時候，搶先跳出來「ㄏㄚˋ」地嚇他，讓遊戲到達最高潮。
- 「ㄏㄚˋ」完之後的重逢擁抱讓狗狗既欣慰又興奮，旁人看起來愚蠢，但對你跟狗狗來說是最幸福的粉紅色世界。

飛盤&接球

需要什麼？

☑ **一個大小剛好的飛盤或可以咬的軟皮球**

依據狗狗的體型選擇飛盤或球的大小，如果幫你們家的吉娃娃選一顆籃球，那他只會被可怕的籃球追著跑。

怎麼玩？

- 先訓練狗狗懂得要把丟出去的飛盤或球咬回來。
- 從短距離開始，當他咬回來後立刻給他獎勵。
- 當他熟悉這個丟出去、咬回來的模式後，就能慢慢拉開你們之間的距離。
- 也請選一個夠大但有界限的安全空間來玩，不要在馬路上或人行道，會讓狗狗衝出馬路，太危險了。
- 這比較適合精力旺盛的中大型犬，體弱的小型犬雖然活潑，但這個遊戲對他們的身型有些勉強。

3. 你不孤單
You are not along !

一個正處失戀又在外地租屋上班的朋友跑來向我求助，說她很想養一隻狗狗來陪她，要我幫忙挑一隻適合的小型犬品種。在建築師事務所上班的她，除了基本的 8 小時工作時間、加班更是常態，然後她又樂於積極享受城市的夜生活，我很難想像她一天到底有多少時間是可以留給狗狗的？別忘了還要扣掉吃飯、洗澡（噢，女生還要加保養）、睡覺的時間。

「所以，妳只是想要在妳玩夠了回家之後，有一隻會動的東西迎接妳，這樣嗎？」我有點生氣的回應她的自私。

只要把狗狗想像成小小孩就好，你會把一個小小孩獨自丟在家裡長達 10 到 12 個小時、然後看見你 30 分鐘後，又要忍耐不在你睡覺時間去吵你嗎？這樣的日子對他們來說有多孤單難熬，更別說一隻動物絕對需要的排泄與活動時間，該怎麼擠出來？一陣碎念後，我沒有幫失戀的朋友挑一隻小狗，但後來她究竟有沒有養狗，我就不知道了。

這或許是比較極端的狀況。正常情形下，一般家庭的確都需要外出上班、交際，不太可能隨時把狗狗帶在身邊，狗狗或多或少都會遇上得自己待在家裡的時刻。黑麻糬跟小小歐算是非常幸運，因為我們家一半的人口都是獨立工作者，可以自由的調配時間與環境，所以雙歐除了我們晚上睡眠時間外，都是有家人陪伴的──說不定他們被玩得很煩，極需獨處的自我空間。但還是會有我們一家外出無法帶上他們的時候，為了避免獨留在家裡的狗狗總是引頸期盼地等待，有一些小方法是可以訓練他們即使自己在家裡也能自得其樂，當他們不再害怕獨留後，咬東西、亂尿尿、隨便吠的情況就能獲得改善。

但前提是，我還是要很囉唆地提醒，在養狗狗之前，請先確定自己有足夠的時間陪伴他，不管再好玩的玩具，都沒有跟你玩來得讓他感覺幸福。

怎麼讓狗狗習慣自己在家裡？

狗狗習不習慣自己在家裡還是要看他們的個性，有些膽小黏人、有些自得其樂，不過如果可以從狗狗小時候就開始讓他學習獨處，那很多分離後的焦慮行為就不會存在。

☑ 培養他獨處、不要整天形影不離

雖然我也很喜歡抱黑麻糬，但僅止於抱抱、拍拍、摸摸，而不是形影不離地把他掛在身上或胸口。總是跟你黏在一起、習慣你的溫度與擁抱的狗狗，會產生很大的依賴，一旦忽然長時間失去那熟悉的感覺後，他的失落感就會很嚴重。如果你的狗狗總是很黏人，那試著買一些玩具或耐咬的零食把他從你身上拔開、學會自己享樂。

☑ 從短時間的獨處開始訓練

先從 10 分鐘開始，把他自己留在家裡或是某個房間，10 分鐘後不動聲色的進門讓他看見你——不要歡呼、不要抱他、不要刻意逗弄——先讓他知道，即使你不見了還是會再出現。然後這個分離的時間慢慢拉長，半小時、一小時、兩小時……幾次訓練後他會明白，原來你不是無時無刻都會在他身邊但絕對還是會回來。

☑ 讓狗狗不無聊

留一些好玩的玩具或驚喜給他。寵物店可以買到讓狗狗玩得不亦樂乎的不倒翁葫蘆，葫蘆裡面可以放進飼料，經過狗狗的撥弄，飼料就會掉出來，一個葫蘆可以讓狗狗玩上大半天也不無聊。或者離開前在家裡或院子裡的各角落藏一些零食、點心——記得要給狗狗看見你在做這件事，並在你關上門的那刻才讓狗狗動身去尋寶，興奮的狗狗會知道你離開後他就能有一場好玩的大冒險，說不定，之後他就會開始期待你快離開：D

☑ 淡化道別時的氣氛

離開前不要太過隆重的道別、回來後也不要太過激動的迎接，把離開當作一件稀鬆平常的事。有研究，狗狗在知道你即將離開的時刻，壓力會開始飆升，而這個壓力會在你離開後持續 30 ～ 60 分鐘。如果是比較敏感不安的狗狗，可能就會出現暴走行為，甚至嘔吐或自殘。若狗狗的分離焦慮很嚴重，回到前面說的，先從短時間獨處開始訓練，漸進式的讓他習慣一個人。

☑ 留下你的味道

離開時留一些殘留你味道的物品讓狗狗安心，像是你的衣服、手套、襪子等，最好是穿過但還沒洗的。尤其是當你必須把他留在寵物店或是託給親朋好友時，給他一個有你濃濃味道的物品，感覺上就像你一直陪著他，可以安撫他緊張焦慮的心情。不過留給狗狗就要有心理準備，不是撕得爛爛就是咬得滿滿口水。

以上的方法都是以 1 天之內為限，不要把獨自狗狗丟在家裡好幾天，若需要出遠門或出國，找一個安心合法的寵物店或寵物旅館寄養，確保他這段時間內可以繼續進食、安心排泄。

我會留下坐過的軟坐墊，
麻糬會乖乖睡在上面，
不會咬得爛爛的

4. 幫你鬆鬆 Take it easy.

★ 按摩

對喔,你沒有看錯,我們奴才要來幫主子按摩了。狗跟人一樣,性情喜好不同、對人與環境的壓力調適能力也不同。按摩,除了能促進淋巴腺循環及排毒,也能有效的減低狗狗壓抑的情緒與不穩定的性情,但不是所有狗狗都喜歡人家在他身上搓揉捏壓,所以你們可以斟酌情況,若是你的狗是屬於壓抑型、焦慮型並好像充滿心事,那可以先試著安撫、然後慢慢地進行按摩舒壓。但若是你們家的狗狗跟黑麻糬一樣,整天就是活力充沛、歡樂無垠,然後又不喜歡人家壓制他,那就不需要強求按摩這件事,他也能身心愉快。

幫狗狗按摩有什麼好處?

☑ **促進血液循環**

按摩能讓血管擴張、使更多氧氣與養分跟著血液流到全身,對於總是躺著的老犬及生病犬,按摩除了讓血液循環更好,也能幫助老舊廢物排毒。

☑ **幫助肌肉活化**

焦慮型的狗狗,全身肌肉常常處於緊繃的狀態,適時的幫他按按壓壓可以活化肌肉健康,幫助身體放鬆。這對老犬也很好,年紀大的狗狗因為活動力下降、肌肉流失,慢慢地就會不良於行,按摩能夠防止肌肉萎縮,讓老犬的身體機能維持良好狀態。

☑ **發現身體異常**

很多狗狗初期的腫瘤都是從按摩中發現的,比摸摸再更深入的按摩,因為遍佈全身上下,可以及早發現被毛髮遮蓋、難以察覺的身體異常。

☑ **親密你們關係**

這個好處不用多說,按摩讓狗狗舒服愉悅了,他就變得更喜歡你、對你更放心。

按摩的部位：

頭頸部到背部

1. 從頭部耳朵的周邊開始。
2. 按壓至耳朵後方的頸部。
3. 沿著脊椎兩邊慢慢往後按壓。
4. 到臀部就可以停止。

腿部肌肉

1. 從前腳腿部肌肉開始。
2. 再移置後腳腿部肌肉。
3. 避開都是骨頭的末肢。
4. 記得左右兩邊都要按壓。

頸胸及前腹

1. 這個部位可以用掌心按撫的方式。
2. 從頸部下方往後順著撫摸過去。
3. 胸部可以稍加力道。
4. 到腹部時減輕力量，不可太過用力。

✡ 舒壓

糯糯離開後，
有一段時間我一直反覆的想著，
他的一生究竟過得快不快樂？
心理方面有沒有缺漏遺憾？
寫完這一篇後我重新檢視，我想，
縱使沒有100%的快樂，
他應該也有90%是很愉悅的，
希望有一天我能停止自責與愧疚，
跟糯糯一起擁有
100%的快樂♥

除了按摩幫狗狗舒壓外，其實生活中日常的小事都能達到解除壓力的方法。是的，狗狗當然也會有壓力，而且他們的壓力可能還不小。尤其是當他們從野外求生到看門狗再到家庭寵物的這個演化歷程，對於「真的是動物的他們」幾乎是卯足全勁來融入我們奇怪人類的生活。街道上那一咻而過不知道是什麼的龐然大物、外出回家一臉不悅又不怎麼理人的主人、在家裡一個轉身就嘩啦打翻的水杯……那些原本他們世界不存在的東西都讓他們疑惑、恐懼，跟我們一起生活的他們，真是辛苦了。幫狗狗舒壓，很簡單，只要生活上一些小巧的變化，就能讓他們身心舒緩。

日常中怎麼讓狗狗舒壓？

☑ 滿足狗狗的聞嗅

當我從夜市、書店、朋友家、百貨公司回來後，黑麻糬會非常好奇地聞著我身上沾染的氣味，那對他來說是陌生又驚奇的味道。聞聞不同的味道可以活化狗狗感官，尤其是他不熟悉的味道。你可以試試看在外面摘幾種不同種類的花草——不方便摘採也可以用中藥材試試，一束一束地分開擺放，然後讓狗狗自由地去聞嗅。在認識味道的過程他會非常專注，可以忘卻讓他感到恐懼與壓力的事物。

☑ 刺激他的感知

沙地、草地、石頭路、柏油路；水溝、河水、大海、泳池；晴天、陰天、颱風天、下雨天，這些不同觸覺與感覺的日常，都能轉變心情。對於一個鮮少出門的狗狗，能夠擁有那麼千變萬化的感知是很奢求的，所以之前我們有聊到，「外出活動」對狗狗來說是多麼重要。如果無法帶狗狗出遊，那至少做到每天帶他散步，然後規劃幾個不同的路線，不管是艷陽天或是下雨天，做好防護就能出門。越多不同的感知刺激，狗狗的靈活度與精神狀態都會越好。

☑ 食物常常變換

不要每天讓狗狗吃一樣的食物。想想要是你每天都只能吃陽春麵，該會有多想打人。雖然狗狗的食物不能調味，但對於嗅覺很強大的他們來說，雞肉跟牛肉的味道有天壤之別、蒸煮跟煎烤的氣味是截然不同。所以不用費盡心思去琢磨吃哪家館子，只要從食材與做法上——甚至只需要更換一下飼料廠牌——稍加改變，對狗狗就是極大的驚喜與期待了。

☑ 給予充分休息

狗狗需要的睡眠時間很長，但大部分都是帶有警戒的淺層睡眠，所以在他進入深度睡眠時不要打擾他。還記得嗎？狗狗深度睡眠的時間大概會落在中午及凌晨 2 ～ 3 點。沒有獲得充分休息的狗狗，情緒會高漲且不穩定，長期下來攻擊性也會比較強。所以總是得一整天提心吊膽的浪浪為什麼好像比較有攻擊力，這也是原因之一。

☑ 打造他的專屬的角落

在野外求生的動物，為了不要暴露自己的行蹤會盡量利用環境來保護自己，所以老鼠會打洞、小鳥會築巢，找一個隱密包覆的地方是所有動物的本能，狗狗也是。有時他們很喜歡往廁所跑，不是因為尿遁，而是那裡的空間較小，還能躲在馬桶後面那個看起來很安全的位置。在家裡幫狗狗打造一個屬於他的窩是很重要的，可以是狗屋、也可以是一個有靠背的小角落——這樣敵人才不會從後方突襲。有自己的空間後，當狗狗覺得不對勁或是不想被打擾時，就能躲進讓他感到安心的地方，就像是我們回到自己家終於能卸下武裝、感到心情放鬆一樣。

狗狗的憂鬱

與人類生活數千年的狗狗,在與我們相處的過程中,生理、心理也不間斷地演化著,好與人類更加契合,因此心思上,狗狗也變得更細膩。如果身心沒有得到滿足、情緒沒有適當舒放,狗狗也會憂鬱的。雖然狗狗的憂鬱可以用藥物治療,但那是最不得已的做法,在不得已之前,其實透過你的關懷與照顧,狗狗的消沉就能慢慢好轉。

人憂鬱的原因很多,因在意不同的事而浮現不同的情緒,狗狗也是這樣。每隻狗狗在意的東西都不同,有些特別在意主人的情緒、有些特別在意周邊環境。但比起人類複雜的社交情感與競爭起落,推敲狗狗憂鬱的原因就顯得單純多了,不過還是需要靠你們的觀察,才能盡早發現這個抽象的心理疾病。

① 狗狗憂鬱的原因

- 環境變化

  小小歐在 8 個月大時跟著我從城市搬到鄉間,習慣被獨寵的他,忽然必須學著跟花園老大黑麻糬相處,差不多有 1 年的時間,小小歐的毛髮乾黃、神色憔悴。這個從環境到生活的巨變,對小小歐來說嚇得措手不及。那段時間他的畏縮與疏離明顯的傳達了內心的憂鬱。狗狗被你送到陌生環境寄養、或是跟著主人一起搬家,這些環境上的改變都會造成他們心理上的恐慌與鬱悶。

- **新成員的到來**

  反觀黑麻糬，已經習慣自己是家庭唯一寵愛的他，忽然發現多了一隻要跟他分寵的動物，心理上的抗拒也明顯浮現。他變得愛撒嬌卻易怒，會在小小歐靠近我時兇惡地把他趕走，吃飯時間也變得緊張護食。這些要與新成員相處的壓力，對狗狗來說是很大的，而身為主人的我，自覺沒有做好新舊成員間相處的平衡，這也是讓我很自責的原因。

- **年老與疾病**

  身體不舒服的病痛已經讓心情低落，被拉著上獸醫院打針、吃藥、檢查的抗拒，更讓狗狗覺得痛苦。疾病與年老的衰退，也是狗狗憂鬱的很大因素，原本愛吃愛睡的他們忽然什麼都吃不下也跑不動，對他們來說世界幾乎崩裂，這時候我們從旁給予的關愛就非常非常重要。

- **分離焦慮**

  在「你不孤單」的篇章中，我們聊了很多怎麼讓狗狗獨處時不感到痛苦的辦法。但最根本的解決，其實是你多一點時間的陪伴。在瑞典，甚至有法規規定，白天時至少每 6 個小時就要讓狗狗外出活動一次，幼犬及老犬則需要更頻繁的外出時間。試想，整天被關在家裡且沒有你的陪伴，就跟坐牢沒兩樣，若是你，能不憂鬱嗎？

- **你的情緒**

  在你的憂鬱、消沉、憤怒、悲傷下，狗狗也絕對歡樂不起來。敏感細膩的狗狗很會觀察主人的臉色與心情狀態，從你一進門的瞬間，狗狗就能知道究竟要不要上前邀你玩耍。當你持續一段時間的意志消沉或火爆抓狂，狗狗會從疏離開始，然後漸漸自我封閉。

② 狗狗憂鬱時會怎麼樣？

- 性情改變，對原本喜歡的玩具或零食都興趣缺缺。
- 整天懶洋洋的，行動與精神顯得遲緩、愛睡覺。
- 緊張、敏感、易怒，有時還會有明顯的攻擊性。
- 自閉、疏離，你怎麼逗弄，他都無精打采。
- 食慾下降、體重減輕，飲水及吃點心的慾望都不佳。
- 嚴重會伴隨脫毛或毛髮黯淡無光澤。

③ 幫狗狗告別憂鬱

- 給他一點時間並給予溫暖
  因為暫時性的環境改變、季節交替而引起的憂鬱就不用太過擔心，給
  狗狗一點時間適應，而我們有事沒事的噓寒問暖與摸摸拍拍，可以縮
  短他憂鬱的時間。

- 安全的環境與感同身受的同情
  對於生病中的狗狗與老犬，我們很難再用外界刺激來活化他的精神，
  但給他一個安心舒適的養病（老）環境可以穩定他不安的情緒。而我們
  也要理解他因為不舒服而產生的抑鬱或易怒，不要幼稚的跟他置氣，
  多一點耐心，摸摸頭、拍拍身體，讓他知道我們一直都會在。

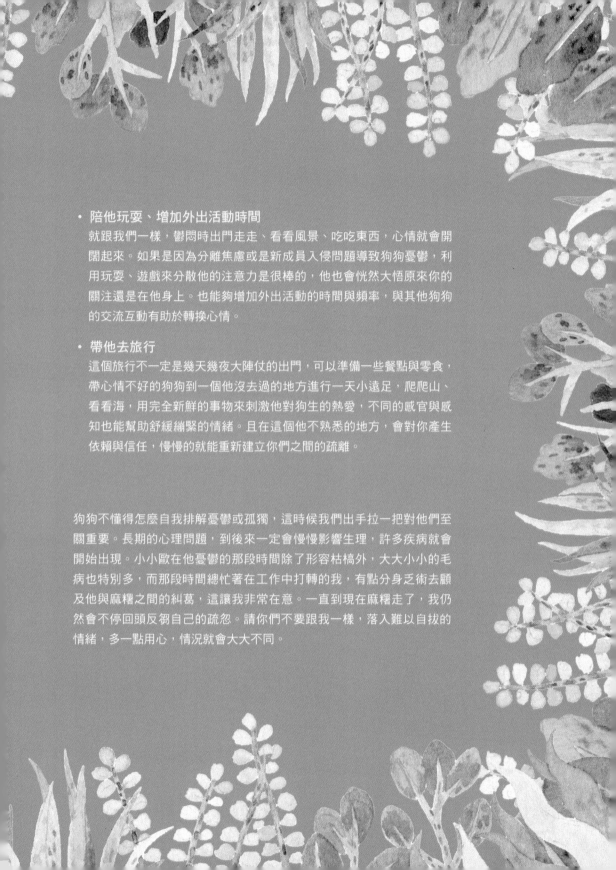

- 陪他玩耍、增加外出活動時間
  就跟我們一樣，鬱悶時出門走走、看看風景、吃吃東西，心情就會開闊起來。如果是因為分離焦慮或是新成員入侵問題導致狗狗憂鬱，利用玩耍、遊戲來分散他的注意力是很棒的，他也會恍然大悟原來你的關注還是在他身上。也能夠增加外出活動的時間與頻率，與其他狗狗的交流互動有助於轉換心情。

- 帶他去旅行
  這個旅行不一定是幾天幾夜大陣仗的出門，可以準備一些餐點與零食，帶心情不好的狗狗到一個他沒去過的地方進行一天小遠足，爬爬山、看看海，用完全新鮮的事物來刺激他對狗生的熱愛，不同的感官與感知也能幫助舒緩繃緊的情緒。且在這個他不熟悉的地方，會對你產生依賴與信任，慢慢的就能重新建立你們之間的疏離。

狗狗不懂得怎麼自我排解憂鬱或孤獨，這時候我們出手拉一把對他們至關重要。長期的心理問題，到後來一定會慢慢影響生理，許多疾病就會開始出現。小小歐在他憂鬱的那段時間除了形容枯槁外，大大小小的毛病也特別多，而那段時間總忙著在工作中打轉的我，有點分身乏術去顧及他與麻糬之間的糾葛，這讓我非常在意。一直到現在麻糬走了，我仍然會不停回頭反芻自己的疏忽。請你們不要跟我一樣，落入難以自拔的情緒，多一點用心，情況就會大大不同。

狗狗 那麼照顧

1. 感冒 I'm not feeling well....
2. 中暑 The weather is so hot!
3. 厭食 I don't want to eat anything.
4. 嘔吐 I'm ill!
5. 腸胃炎 Let me along, okay?
6. 皮膚病 Handsome O. & Miserable little O.
7. 胰臟炎 A frightening thing

狗狗與我們一樣，
會傷會痛也會生病，

狗狗又跟我們不一樣，
不能說不能哀不能求救，

牠所有的好壞，
都決定在我們有沒有
細心的觀察及耐心的照顧，

很簡單，也很不簡單．

黑麻糬一直以來都不太需要人操心，比起小小歐的戒慎恐懼，他老大般的瀟灑性格，天天都活得健康自在。有人說，人的一生，好的、壞的事情都各是一半，你先遭遇了所有壞事後，接下來就請好好安心享樂。反之亦然。

是這樣吧？一生化險無憂、天天開心的黑麻糬，怎麼會想到在生命末期會遭遇那麼多苦痛。而我，一直以來抱持著動物應該回歸自然、天生天養的想法與家裡 7 隻狗狗相處，但在面對黑麻糬的病痛時，我卻無法好好放手。

生老病死，就是這樣一件用力刻在心裡的事情。

面對生了病的狗狗，我們因為強烈的愛，而隨之帶來強烈的無力感，因為很多時候，我們無能為力挽回那突然被帶走的生命。我一直在思考，關於狗狗生病的章節，我應該寫些什麼？我又有能力寫些什麼嗎？

在 7 隻狗的生命裡，我認識了許多疾病，我想我能給你們的，應該必須是我了解過、我經歷過的這些。除此之外，我不能多說些什麼，因為不論是哪一種疾病，除了需要專業的醫學知識去治療外，還需要用一顆顆被狗狗牽動著而焦急不已的心情去支持。所有的疾病，不論大或小，都該被絕對尊重、不能草草了事。

所以在這裡，只挑選了日常的、大方向的常見疾病跟你們分享——除了帶走黑麻糬的胰臟炎外。其餘還有千百萬種疾病，像是心臟病、糖尿病、腎臟病、惡性腫瘤等，這些需要你們親身與獸醫師討論、親身想辦法尋求資料與知識，全面的、徹底地與之共處。

因為，這是對所愛的狗狗負責的基本。

疾病發生前的日常照護

狗狗在成為人類的好朋友前是在野外生活的動物，當他們受傷或生病時，很容易成為其他動物的獵食目標與欺負對象，所以縱使身體再怎麼虛弱難耐，為了自我防禦，狗狗還是會極盡所能的隱藏病痛。狗狗在成為人類的好朋友後，這樣的動物習性並沒有改變，甚至在他們與我們之間有著一定的感情下，為了不讓主人擔憂，有些狗狗更是會掩飾自己的身體不適。就算他再也忍不住身體疼痛很想讓你知道，但不會說話、不會抱怨的他們只能用其他方式來表現，而那些方式若沒有我們的細心留意，很容易就被忽略了。

誰都希望狗狗可以快樂無憂地度過一生，但無論如何細心照料，生病受傷還是在所難免，在疾病弄得無法挽回之前，透過日常的照護與觀察，及早發現病況就能減少許多痛苦。在這邊，我想分成兩個方向讓你們雙管齊下，才能更全面地守護狗狗健康。

定期健檢

到獸醫院做健康檢查，得到的病理數據與結果一定會更正確詳細，但對沒有健保的狗狗來說，健檢的費用滿高的，對部分人會是沉重的額外負擔。可以依據自己狗狗的狀況及年紀請獸醫師評估健檢週期，比如遺傳疾病較多的品種犬與開始進入高齡的狗狗，需 1 年 1 次的檢查；而頭好壯壯的米克斯與年輕狗狗，或許可以改為 2 年 1 次或 3 年 1 次。

狗狗的定期健檢項目有：

常規檢查	聽診、觸診、問診等	一般含在掛號費中
血液檢驗	傳染病檢測、各器官生化指數	約 NT.2000 ～ NT.4500
影像檢查	X 光、超音波、斷層掃描	約 NT.3000 ～ NT.8000
心臟檢查	心臟超音波、心電圖	約 NT.1500 ～ NT.3000
尿液糞便檢驗	腸胃、腎臟問題檢驗	約 NT.500 ～ NT.1500

1. 常規檢查

就跟我們到醫院去一樣，醫生會問問年齡、病史、身體狀況等，然後聽聽心跳聲、摸摸不適的部位。常規檢查也就是基本的聽、觸、問，開始前或許會先填相關表格，有些進一步會再量測血壓、體溫。

2. 血液檢驗

血液檢驗是檢康檢查中最主要也最重要的一部分。除了做基本的紅血球、白血球、血小板等數值檢測外，從血液中能夠檢查出是否有寄生蟲等傳染病，對於肝、腎、胰臟等器官的健康，也可以在血液指數中被看出來。如果經濟能力有限，可以選擇血液檢驗這一項作為主要健檢項目。

3. 影像檢查

X 光、超音波、斷層掃描都屬於影像檢查，但並不是每一項都是必選，可以依據狗狗狀況來選擇。影像檢查可以讓獸醫師直接看到狗狗身體裡面的情形，如腫瘤位置、骨骼狀況、體內使否有異物等。黑麻糬就是透過超音波發現肝臟的腫瘤與腹水。

4. 胸腔 X 光、心電圖

在此之前，醫生會先做胸部聽診，若發現不正常的聲音或頻率，那麼就會詢問你是否要進一步幫狗狗做詳細的心臟檢查。

5. 尿液糞便檢驗

尿液檢查可以檢測尿糖、尿蛋白、酸鹼值或腎臟及膀胱等方面的問題。糞便中則可以發現原蟲或寄生蟲的蟲卵。

關於狗狗各項診療、手術或預防針的費用，不同獸醫院因為規模與設備的不同，也會有定價上的差異，我這裡只能約略綜合簡單的費用範圍給你們參考。不過各縣市政府的獸醫師公會都有訂定收費標準，在網路上可以查詢得到。你們帶狗狗上醫院前，可以依據所在地參考收費標準，心裡有個底，不至於讓無良的獸醫院漫天喊價。

居家檢查

對大部分的狗狗來說，去獸醫院是一件很痛苦的事，不管是醫院散發出來的消毒水味或是綜合各種狗狗殘留期間的味道，都讓他們覺得快抓狂。非不得已，我也不想拉黑麻糬上醫院，每次都要在門口上演老半天你推我擠的戲碼。像這樣，平日的居家檢查就很重要，小小歐就是因為長時間站著不動，所以才被發現他肚子已經痛得很難受。這些小小的改變，都是你能對狗狗病痛察覺的先機。

狗狗感到不舒服的表現

☑ 好像不愛吃東西了

吃東西是狗狗最大的樂趣，當發現他吃的量變少甚至對食物興趣缺缺時，或許他身體裡正產生某些變化——當然這個變化我們需要先排除發情、季節、環境改變等因素。若是疾病造成的食慾不振，大多時候還會伴隨精神低迷與昏昏欲睡。

☑ 睡得很多或睡不安穩

所有動物都知道，在睡眠中可以最大程度的修復身體損傷。當精神奕奕的狗狗忽然總是捲曲著埋頭大睡，很有可能他正努力地修復身體不適。反之亦然，原本好吃好睡的狗狗，忽然睡不安穩，甚至嗚咽嚎叫，也請留意他的身體變化。

☑ 社交障礙、個性改變

我們身體不舒服時連話都不想說，更別說是要出門與朋友見面了。身體產生病痛的狗狗，除了不愛出門外，也可能對你回家的迎接變得冷漠無情。如果我們進一步的想親近他、摸摸他，狗狗的自我防禦行為可能就會出現，像是低吼、齜牙咧嘴。

☑ 肢體表達

想想我們在肚子痛時會不自覺地把手攔在肚子的位置；頭痛時也會下意識地用手摸摸頭部。狗狗當然手腳沒有像我們那麼靈活，但有一些肢體上面的表現，也是狗狗傳達他身體病痛的訊號，大部分會有三個表現：

祈禱姿勢

肚子部位的疼痛,會讓狗狗出現類似祈禱的姿勢:前腳蹲低跪趴、後腳站立,這跟伸懶腰有點像,但表現出來的氛圍完全不同。伸懶腰會拉直腰部、感覺放鬆,並一下子就恢復站立姿勢;肚子痛的祈禱姿勢會全身緊繃並持續較長的時間。

捲曲放空

身體不適讓狗狗本能地想「捲起來」保護自己。看起來很像在睡覺但並沒有真正入睡,沒有閉上的眼睛眼神空洞,呼喚他得不到熱情的反應,可能只是懶洋洋地抬一下頭而已。

坐立難安

一陣一陣出現疼痛,會讓狗狗一下躺、一下坐、一下站,表現得坐立難安。站起來時,也會有吃力、無法放鬆的樣子,嚴重時還會出現發抖的狀況。

有事沒事把狗狗全身摸透透也能找到問題,黑糜糬有一次腳腳出現發炎囊腫,也是在摸摸的時候無意間發現的

1. 感冒
I'm not feeling well....

寒冷的冬天、日夜溫差大的春秋，狗狗也跟我們一樣一不小心就會感冒。但狗狗界中的感冒，與我們所認知的人類感冒概念不太相同。正確來說，應該稱作「傳染性呼吸系統疾病症狀」，也就是犬感冒。有時狗狗出現打噴嚏、流鼻水的症狀，有可能是因為過敏或是其他呼吸道的疾病引起，而在冷天或日夜溫差大的日子就變得更明顯了。也因為這樣，引起「感冒症狀」的原因很多，在這裡，我就先以「感冒」來通稱，大家比較能理解與感同身受。狗狗感冒的症狀若不是太強烈，一般都會在自體修復下康復，不用太過擔心。但若是出現較嚴重的情況——發高燒、嘔吐——就不能輕忽，它很可能是因為其他疾病而併發感冒症狀。黑麻糬有過幾次感冒的經驗，但身體一向健康的他，最多只是出現鼻水滴滴答答的情形，通常幾天內就能好轉。

狗狗感冒的症狀：

食慾不振、流鼻涕、打噴嚏、精神萎靡、發燒、咳嗽、眼睛紅腫、流眼淚眼屎⋯⋯

症狀與我們差不多，但狗狗在許多傳染性呼吸道疾病的症狀都類似這樣，所以確切是什麼原因引起感冒，就需要進一步檢查。

狗狗感冒症狀的病毒類型可能有？

☑ 犬舍咳

犬舍咳是一種傳染性很高的上呼吸道感染，是由細菌或病毒引起。它常常發生在大量狗狗聚集的場所，像是寵物旅館、寵物展、公園或狗狗聚會，但不會人畜共通。

傳染方式：空氣中的飛沫傳染、狗狗間口鼻直接接觸、碰觸了受汙染的碗或玩具等，所以並不是需要直接接觸生病的狗狗才會被傳染。

感染症狀：除了一般常見的感冒症狀外，還會劇烈的乾咳，感覺像是不停想把喉嚨中的異物咳出來的感覺。嚴重的犬舍咳會引起氣管塌陷、支氣管炎、氣喘。

☑ 犬副流感

是一種呼吸道病毒，也是造成犬舍咳的病毒之一。犬副流感有高度傳染性，狗狗感染犬副流感除了會出現上呼吸道疾病，也可能會影響神經系統。

傳染方式：主要途徑是飛沫傳染，但也會經過接觸口鼻分泌物而感染。

感染症狀：疲倦、沒有食慾、打噴嚏、流鼻水，伴隨乾咳及發燒，眼睛發炎。

☑ 犬瘟熱

犬瘟熱是由犬瘟熱病毒引起，症狀與感冒非常相像，但它的嚴重性遠高於一般感冒，常發生在生活環境複雜的地方，如狗狗收容所。

傳染方式：直接接觸、空氣中飛沫及病犬的排泄物或分泌物傳染。

感染症狀：如一般感冒，但常常會伴隨發燒，尤其在早晚時間體溫升高。其他症狀還有腳腳的肉墊及鼻子乾裂、出現膿性鼻涕與眼屎。若開始出現嘔吐、抽搐、口吐白沫的嚴重病徵，那就很難治療了。

狗狗感冒怎麼照顧呢？

我本身非常不喜歡看醫生，總覺得進入醫院是一件讓我渾身不對勁的事，黑麻糬大概也跟我一樣，只要走上通往獸醫院的路，聰明過狗的他已經嗅出端倪然後百般抗拒。如果可以，我自己都會先選擇自體療法，用自身的免疫力去抵抗感冒，除非萬般不得已才會踏上醫院之路。若你與你的狗狗跟我們一樣有相同焦慮，而狗狗感冒症狀輕微的話，或許可以參考我自己照顧狗狗感冒的方法，讓害怕獸醫院的他先試著減輕症狀。但若狀況持續沒有好轉，還是要想辦法把他騙去獸醫院檢查喔。

☑ 停止嬉鬧

這個特別針對家裡有小小朋友的情況。狗狗生病時精神不好、也不想動，如果這時候還不停邀約他出門玩耍遊戲，對他的病情完全沒有幫助。所以若是家中有小朋友，時不時去拉一下尾巴、動不動去扯扯牽繩，狗狗對這些都是三條線、很無奈的。

☑ 補充水分

多喝水、多排毒，對人好對狗狗也好。狗狗感冒時留意他喝水的情況，若情況不佳，把食物改為湯湯水水的鮮食，對水分補充也很有幫助。

☑ 加濕

若狗狗出現流鼻涕且呼吸似乎有不通暢的聲音，緩解他的鼻塞可以讓他更快恢復精神。但狗狗很難像我們安靜地把鼻子抵在熱水旁呼吸，可以在家裡使用加濕器，或者洗熱水澡的時候把狗狗一起帶進浴室──放心他就算偷看也不會到處亂說──這些都能幫助呼吸暢通。

☑ 保持溫暖與清潔

冬天或夜晚時，幫狗狗多增加一些溫暖的軟墊，並且注意他睡覺休息的地方會不會吹到冷風。時時清潔狗狗的分泌物也很重要，像是眼屎、鼻涕等，清潔乾淨才不會造成二次感染，也能讓狗狗覺得舒服一些。

平時怎麼預防感冒？

1. 補充營養

   在即將入冬前或深秋季節時，可以多補充飲食營養。我會 1 星期增加 1 次雞湯鮮食，很簡單，用一半的雞腿肉 + 一半雞胸肉煮到軟爛並不加調味料就可以了。

2. 多曬太陽多運動

   除非真的有事，不然我與麻糬的晨間跑步運動都很堅持每日執行。
   每天輕鬆的活動、開心地出遊與充分的太陽光沐浴，這絕對是最好的
   免疫力增強方式，不管是對麻糬還是對我自己，都大幅減少
   感冒的機率。

3. 善用按摩疏

   買一隻梳尖有圓球的按摩梳，時不時幫狗狗梳理幾下——
   要達到梳尖有輕輕碰觸皮膚的力道——除了讓毛髮光
   澤亮麗，還可以促進皮膚新陳代謝、清除體內廢物。

2. 中暑 The weather is so hot！

我們生活的花園小屋，一進大門口左手邊角落，是一棵結果很不給力的老龍眼樹。老龍眼樹生長在一塊隆起的泥土地上，剛好在牆邊照不到陽光的位置，一年四季都很涼爽。雖然從來沒能從這棵老龍眼樹上吃到甜蜜蜜的龍眼，但它卻一年又一年，用片片濃密的綠葉給了雙歐每一個夏天的沁涼庇護。

每年進入盛夏，充滿陽光的花園到處都赤豔豔，很難在花園裡待上太長時間。每天，早上差不多 9 點從外面跑步回來，雙歐咕嚕咕嚕喝完水後，一扭頭就直接衝往龍眼樹下的草地，一人（狗）固定霸佔一個位置，躺下後直到下午 4 點前都不會再離開，任憑我又哄又叫又拉又扯，都沒用。

這種情況要一直到初秋微涼才會停止。

雖然小小歐長期被黑麻糬欺壓玩弄，但黑麻糬走後，小小歐似乎跟我一樣，同時間心裡都被掏空了一大塊。從那時候開始，我害怕停留在龍眼樹下，小小歐也不再喜歡那個龍眼樹下的位置。

黑麻糬離開後的第一個夏天，我們依舊每天外出跑步，一回來，小小歐咕嚕咕嚕喝完水後，一扭頭就直接衝往我小屋工作室裡的廁所，一個人（狗）霸佔整個冰涼的磁磚地板，躺下後直到下午 4 點前都不會再離開，任憑我又哄又叫又拉又扯，都沒用。

這種情況要一直到初秋微涼才會停止。

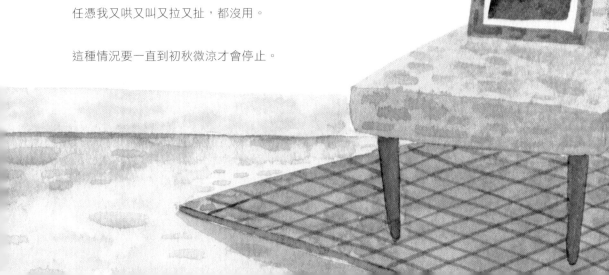

狗狗是很怕熱的動物，又喜歡快速移動、追跑趕跳，活動力強的他們，體溫平均比人類高 1～2 度，因此很容易中暑。尤其狗狗不像我們可以全身排汗散熱，所以中暑前的預防很重要。有一些品種的狗狗又特別容易中暑，主要有口鼻部短小的犬種，及溫帶雙層毛髮的犬種。

容易中暑的狗狗品種：

口鼻部短小的犬種	溫帶雙層毛的犬種
法國鬥牛犬	哈士奇
英國鬥牛犬	黃金獵犬
巴哥犬	拉不拉多
北京犬	聖伯納犬
西施犬	阿拉斯加雪橇犬

在熱中暑之前，我們要先觀察狗狗是不是有「過熱」的狀況，就像是我們使用電器，如果產品過熱就要趕快拔掉插頭，免得電線走火，狗狗也是。在觀察到他已經過熱的情況下，趕緊對他做出急救措施，就能避免措手不及的意外。不要小看中暑，一旦開始熱衰竭之後，就會有高達八至九成的死亡機率，尤其現在夏天真的越來越熱了，連我們自己都受不了，更何況是穿著長毛的狗狗。

過熱的初期反應

- 不停流口水，嘴邊肉鬆弛。
- 氣喘吁吁，喘氣中夾帶雜音。
- 眼神呆滯無神且渙散
- 對你的呼喊沒有太大反應，
  平時熟練的指令也忽然做不到。
- 虛弱無力，失去平衡，有時雙腳躁動。
- 腹部出現紅斑、紅點

過熱的後期反應

- 喘氣越來越急速、呼吸變得困難。
- 心跳加快，體溫升高。
- 舌頭由粉紅轉為藍紫色。
- 牙齦變得蒼白。
- 持續流口水，且唾液變得濃稠。
- 走路不穩，出現痙攣、抽搐。
- 休克昏迷，嚴重時會心臟麻痺。

如果到達後期，並同時發生 3 種以上的症狀，請趕快帶狗狗到
離你們最近的獸醫院去。若幸運在初期就發現，可以按照下面的
步驟處理，不要急不要慌：

1. 移動位置

快把狗狗移動到陰涼通風的地方，若沒有室內可以避暑，就趕緊找樹蔭下的涼快處，總之，先避免陽光直曬。

2. 移除身上物品

把項圈或是你多餘幫狗狗加的衣物、甚至鞋子——我不懂為什麼要幫狗狗穿鞋子？腳掌是他們散熱的地方啊！——通通移除掉，讓他一身輕快、沒有額外負擔。

3. 腳掌打溼或四肢泡水

把狗狗腳掌打濕，如果環境允許就把四肢泡進水裡降溫，記住是四肢而不是全身，這時候對心臟太過刺激的措施都請先避免。使用常溫水就可以，不需要用冰水或額外放進冰塊，不然造成血管急速收縮反而危險。

4. 補充水分

多補充水分，如果他的情況已經沒有辦法自行喝水或是會把水吐出來，那就用持續幫他把舌頭用水沾濕，直到有慢慢好轉的跡象。

若上述的方法都沒能讓狗狗恢復，那就快到獸醫院去。在前往獸醫院的途中，用濕毛巾包覆狗狗身體，並讓他伸直脖子保持呼吸暢通。

日常預防中暑的方法是？

如果你的狗狗有過中暑的經驗，那未來生活上就要處處留心，不要讓危機再次發生。黑麻糬不曾有過中暑的狀況，我想是因為平時他很喜歡喝水，也懂得在炎炎夏日躲進他最愛的車子或大樹下，很會照顧自己的麻糬，在中暑這件事上沒有讓我操心過，真貼心。

☑ 留意外出時間與環境

把帶狗狗出門溜搭的時間改為早上 8 點前或傍晚太陽落下時分。夏天避免柏油路或人行磚路面，盡可能到樹蔭多的公園，若不甚中暑，還有地方可以遮蔽。

☑ 隨時補充水份

狗狗身體有 60% 都是水份，幼犬佔的比例又更高，所以他們是很需要喝水的。外出時隨身帶一瓶水與毛巾，除了可以讓狗狗隨時隨地有水喝外，把毛巾打濕擦擦腳掌，也能幫助降溫。

☑ 改善我們的懶惰

有些人喜歡邊騎車邊遛狗，我真的很不能接受。一方面是這樣追著車跑的緊張很容易讓狗狗發生意外，一方面是你以為騎得很慢的速度，其實對狗狗已經是沉重的負擔，不然你自己追著車跑跑看啊。

☑ 室內環境通風與涼爽

對寒帶狗狗來說，台灣的溼熱氣候不管是夏天還是冬天，都是難受的。待在家裡的時候留意室內通風，太過炎熱的季節幫狗狗鋪上涼墊。去認養小小歐時，當時的飼主把寶特瓶裝水冷凍，放在小小歐的小房子裡，小小歐會自己爬著爬著就爬上寶特瓶上趴著睡覺，看起來好像很喜歡這樣的止熱道具。所以帶他回家後，他的小房子裡有的不是娃娃或玩具，而是好幾個讓他倍感親切的冷凍瓶裝水。

拜托！不要再讓狗狗獨自待在車上了！
Don't be so stupid !

你以為的方便其實是謀殺

除了騎車遛狗，我也無法理解怎麼會有人把狗狗放在車子裡然後就離開？這種低級的行為卻常常發生，他們認為只有離開一下下，而且有把車窗打開，這樣就不會有危險。但在你覺得很快就回來的時間裡，對被熱氣壟罩的狗狗來說卻是極度漫長，更遑論有許多飼主就這樣遺忘留在車上的狗狗了，那是謀殺，這樣的人應該被逞罰。

為什麼不能讓狗狗留在車子裡？

曾有實驗，在鍋子裡打一顆雞蛋再放進車內，當外面溫度 30℃時，只要 30 分鐘，車內溫度就能升到 60℃，而生雞蛋也已經半熟。夏天在太陽直射下，氣溫到達 36、38℃已經很平常，這時車內溫度可能高達 70℃以上，不要說生雞蛋了，嗯，我還是很想叫那些飼主在這樣的溫度下自己待在車子裡試試看，就能嘗到沒水沒冷氣，甚至缺氧的折磨有多可怕。

如果，非不得已要讓狗狗留在車上

我是說非不得已，若只是想逛百貨公司又不想花力氣用手推車推狗狗，那就不叫非不得已，那只是無腦自私。如果真的必須把狗狗暫時留在車上，請把腦袋裝好並做到：

1. 把車停在陰涼通風處

不，地下停車場不是陰涼通風處。我有一次到大樓錄影，錄影前在地下停車場小睡片刻，雖然有將窗戶打開，但還是非常悶熱難受，結果那場錄影全程頭昏腦脹、完全不知所云。那是個糟糕的經驗，請不要讓你的狗狗也經歷。

2. 幫狗狗準備足夠的水分

不要怕狗狗弄濕弄髒你的車子，誰叫你要把他留在車上。幫他準備充足的水分，熱了渴了就有水喝，也能降低中暑的風險。

3. 極盡所能快回來

很難說必須幾分鐘內回來，如果是我，我會極盡所能在 30 分鐘或更短時間內回來。只要試想，如果留在車上的是孩子，縱使不熱且通風，也有水喝，還是一件讓人擔憂的事情。

《台北市犬貓飼養基本照護規則》第 6 條規定：
「飼主不得將犬、貓單獨留置於汽車內。」違者將開罰。

這是一個好消息，也有過飼主因為把狗狗放在車上而被開罰的案例，只是查了許多資料，目前似乎只有台北市有這樣的法規，衷心希望其他縣市政府也已經跟進，從法規中一起保障狗狗的狗生安全。

3.厭食
I don't want to eat anything.

黑麻糬一年差不多會有1~2次的厭食，
但每次都很快就會恢復，
有一次，他做壞事被責罵後，
竟然持續一個星期沒有吃東西！
罐罐、肉乾、零食都不要，就只喝水。

後來我們使出殺手鐧，
跑去買了一隻炸雞腿誘惑他，
沒想到依然失敗！

就在大家快被他急死
然後不停跟他道歉之後，
老大他忽然哪根筋接上就開始吃東西了
……

那次的厭食，
無疑是個任性的玩笑

挑食不等於厭食。挑食可能只是某些特定食物不吃或總是對正餐愛理不理，但給了平常很難得到的肉乾或零食，狗狗還是會開心地狼吞虎嚥。而厭食是對所有食物——尤其是他平常欣喜若狂的食物——都失去興趣，且這樣的食慾減退持續 3 天以上。就像那時候黑麻糬忽然就什麼都不吃，你們一定也會跟我一樣焦急，在急忙連絡獸醫之前，請先想想是不是有什麼狀況引起這樣的食慾減退，因為到了獸醫那裏，醫生一樣會從這個方向切入問診，找到原因才能對症下藥。若原因不明或已經危及身體健康，醫生可以提供促進食慾的藥來改善狗狗不吃東西的情況。

狗狗到底為什麼不吃東西？

☑ 生理性厭食

幼犬換牙、母犬懷孕或生產前以及發情期的時候，這些生理改變都會影響狗狗食慾。黑麻糬就很常在發情期心癢難耐、什麼都不吃，但一旦母狗發情結束，他的食慾就瞬間恢復。這種生理性的厭食會在因素消失後就獲得改善，也不會有其他不良反應。

☑ 心理性厭食

而心理性的影響食慾，跟情感比較細膩的狗狗有關。像是環境忽然改變、寄養家庭無法適應等情況，這些焦慮都會讓狗狗難以下嚥。另一個情況是奴才們太過溺愛，或是用了錯誤方式來管教狗狗，比如，當狗狗不吃正餐時，主人就緊緊張張地不停詢問狗狗哪裡不舒服，或是立刻拿出其他更好吃的東西給他們吃。久而久之，狗狗會覺得「不吃東西」才能引起主人的注意與關心，甚至覺得這樣才可以得到其他更美味的食物，因此所幸乾脆就不吃了。

☑ 疾病引起

牙齒痛、肚子痛，這些都會讓狗狗沒有食慾，喜歡在外出時亂吃地上東西的狗狗要特別注意，當他們吞下異物後，不只會因為難受而不吃不喝，有時也會伴隨嘔吐與腹瀉。黑麻糬發生胰臟炎的時候，就是什麼都不吃，連平常讓他瘋狂的肉肉或零食，都只是嗅嗅之後轉頭就走。當時，我就知道事情完全不對勁了，沒想到，那竟然是黑麻糬生命倒數的訊號。

☑ 食物問題

狗狗的嗅覺是人類的數萬倍，他可以聞出 1 個月前桌上放過什麼食物、可以辨別 50 公升的水中是否加進了一匙鹽，經過訓練的警犬甚至可以分辨高達十萬種的氣味。對食物很有自己想法的小小歐，能夠知道去選擇沒有添加物的食品（我做過多次實驗），很強。所以若是你的狗狗忽然不吃東西了，也請想想，是不是飼料開封太久，被他聞出了變質的氣味？還是這個廠牌加了許多糟糕的添加物？或是你 365 天千遍一律給他完全相同的食物？

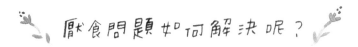

找到厭食的原因，才能針對狗狗不吃東西的問題來解決它，以上 4 個情況，我想一想，好像家裡的狗狗都遇到過，而我自己的處理辦法也頗有成效：

☑ 解決生理性厭食

- 生理性的厭食，我的處理方式就是，不理它。
- 說不理它，是為了讓自己放寬心。生理性厭食一般都會慢慢恢復，這期間我們會焦慮是一定的，但從中靜靜地觀察，算算天數、數數週期，若都在正常範圍內就不用太過擔心。
- 如果是母狗懷孕或生產前厭食，當他們恢復食慾後，請特別留意他的食物攝取，幫他把營養補回來，可以再複習 P122 狗狗懷孕照護的篇章。

☑ 解決心理性厭食

- 小小歐剛跟著我從城市搬回鄉村、又必須面對另一位強勢的老油條麻糬，剛開始他也是吃不好、睡不好、毛髮枯燥。遇到因為環境改變而厭食的情況，我們加倍的關懷會是最有效的良藥，多跟他說話、帶他玩遊戲、平等對待新舊成員，這些狗狗都看在眼裡，當新環境漸漸熟悉後，厭食的情況也會改善。

- 若是因為想尋求你的關注而故意不吃東西的話，請你強硬起來，忍著無謂的過度噓寒問暖，清楚明確的讓他知道現在不吃也不會有其他東西可以吃。一開始可以先把食物放在你手上，慢慢引導狗狗聞嗅，當他開始吃後，就不需要再一口一口餵他，讓他習慣就算沒有關注也必須自己主動進食。

☑ 解決疾病引起的厭食

- 請先確認狗狗究竟是發生了什麼樣的疾病？然後對症治療。
- 若疾病需要長期治療而狗狗再不吃東西就很危險，獸醫院除了可以提供促進食慾的藥物外，也能選擇用皮下輸液來補充電解質，或者高濃度的靜派營養點滴（概念類似我們熟知的營養針）來協助狗狗補足營養。
- 黑麻糬因胰臟炎痛得不能進食時，是把促進食慾的藥溶解後，與寶寶食品一起混和，再用針筒灌食，才慢慢讓他恢復吃東西的慾望。

☑ 解決食物問題導致的厭食

- 大包裝飼料的確會比較優惠，買回來後花點時間用密封袋分裝，才不會因為開封太久而持續氧化或變質，也要注意不要讓食物被太陽直曬或放置太長時間。
- 所有給狗狗吃的食物都請先幫他把關，以我自己的習慣，不管是飼料、罐罐、肉乾、零食或是潔牙骨，買回來後我都會先吃一點，嘗嘗味道，看看有沒有什麼不良反應，確定不油不鹹也沒有副作用就能安心交給狗狗。
- 不同種類的食物輪流交換，有時候飼料、有時候罐罐、有時候鮮食，烹調手法也多點變化，蒸煮烤煎，不同香氣與口感都能刺激狗狗食慾。
- 獸醫師也曾教我一個辦法，餵食前把食物稍稍加熱、甚至加一點點肥肉——對喔，先前有說到，狗狗不是完全不能吃油脂，而是必須控制他攝取的分量——這樣都能大大增加食物的香氣去吸引狗狗用餐。雖然脂肪對狗狗是不好的，但對一個已經不吃東西的病狗來說，兩害相權取其輕，眼前最重要的已經不是講求健康，而是必須先想辦法讓他進食再說。這與人類做化療之後的狀況相同，醫師都會盡量鼓勵病人能吃就吃、想吃就吃，吃什麼都比不吃要來得好。

4. 嘔吐 I'm ill！

印象中黑麻糬滿常吐的。

他有一個糟糕的壞習慣，總是喜歡在外面亂吃東西、也喜歡在家裡偷翻垃圾桶。但令人欣慰的是，他的胃有驚人的揀選能力，只要是吃了不好的東西，3 秒內就能反嘔出來。所以雖然常常吐，可是身體依舊保持硬朗。

狗狗嘔吐時的樣子你們看過嗎？

若是在行走中，他會壓低頭部、拱起背部、後腳微蹲，但不會停下腳步，就緩慢地在一步一步間，順著腸胃的收縮，約經歷 3 次反嘔然後把食物吐出來。

那天傍晚接近 6 點，我與麻糬在外準備回家倒垃圾，壞蛋他又在半路偷吃人家倒在草叢裡的廚餘——是說到底為什麼要把廚餘倒在草叢裡？才剛吃完被我斥喝後，走過一條大馬路，兩人正在馬路中間時，説時遲那時快，他又壓低頭部、拱起背部、後腳微蹲……不會吧，我瞪大眼睛環顧四周，除了左右兩邊即將前來的車子、前後還站著一堆準備倒垃圾的人，我心裡一沉，死命想拉著黑麻糬離開，但眼看東西都到喉間了怎麼拉得動，就在所有車子都停下來、數十顆眼睛都在觀摩的時刻，1、2、3，黑麻糬緩慢地完成 3 次反嘔，然後哇啦啦地，在馬路中間，吐了。

我知道，前後應該只有 2 秒的時間，可是我好像經歷了一輩子，就在眾目睽睽與那攤嘔吐物前，黑麻糬吐完就跳著跳著走了，而我，站在那裡，腦袋百轉千迴，要清也不是、不清也不是。

這時一台車子「叭」了一聲，劃開窘境，我順勢往旁邊跳開，頭也不回直直往家的方向走去，身後傳來車子起駛的轟轟聲，我，完全不敢回頭看看那攤被左右輾壓的嘔吐物成了什麼樣子。

黑、麻、糬！

亂吃東西會吐

吃太飽玩一玩也吐

生病時一直吐

嘔吐在狗狗的生活中算是滿常見的。我們的食道是由平滑肌組成，而狗狗是橫紋肌，所以比起我們，狗狗可以很輕易就把東西吐出來，吐的機會也比我們大很多。如果是偶爾一次快速、輕微且狗狗還是生龍活虎的樣子，都不需要太緊張，那樣有時候對狗狗來說是好的，藉由反嘔把身體無法接受的壞東西、髒東西推出來，以維持身體健康。不過嘔吐有輕有重，觀察一下狗狗吐的症狀，若太過反常也不能輕忽大意，什麼樣的狀況叫做「太過反常」呢？如：

- 嘔吐物中帶血
- 太常吐或 1 天嘔吐數次
- 伴有其他非常態症狀

不過，你為什麼吐？

☑ 亂亂吃
亂翻垃圾桶、吃得太油膩、誤食骨頭或硬物，這些都可能讓狗狗嘔吐。有些狗狗──如黑麻糬，外出溜搭時很喜歡偷吃外面的垃圾或馬路上的東西，這要請你們特別注意，我有個朋友的小黑狗阿福，就是出去玩時吃了被人下毒的食物，回來後口吐白沫身亡，這種下毒的下流的行為非常非常讓人氣憤。

☑ 一直吃一直吃
狗狗可以挨餓但無法知飽，你給他多少食物他都會卯足全勁把他吃完，但吃完後無法消化又會吐出來，所以由你幫他控制分量很重要。因為過度進食而導致的嘔吐其實也很好分辨，鼓鼓的肚子和還沒完全分解的嘔吐物，證據歷歷在目。

☑ 生病了嗎？
腸道有寄生蟲或被病毒感染──如犬瘟熱、冠狀病毒──都會讓狗狗嘔吐。其他疾病像是胰臟炎、腸胃炎、胃潰瘍等也都會讓他們難過得吐個不停。

☑ 緊張、焦慮或過度興奮
太激動的情緒會讓胃液翻騰，這樣的情況要盡可能安撫狗狗，讓他冷靜下來。

☑ **胃扭轉**

這是一個可怕的情況，常常發生在大型犬身上，又以大型犬老犬發生的頻率最高。
當狗狗短時間內大量攝取食物或在吃飽之後馬上就做劇烈運動，這樣不健康的生活
習慣很容易讓胃扭轉。狗狗出現胃扭轉後狀況會急轉直下，有時數小時內便會死亡，
死亡率高達 30%。伴隨的症狀有急促呼吸、大量分泌唾液、拱背、腹部膨脹等。

觀察狗狗嘔吐物的顏色，也可以稍稍推敲發生了什麼事，尤其當你必須轉述病況給獸醫
師了解時，就要詳細的描述狗狗究竟吐了什麼，若你的表達能力弱，就請拍照起來直接
給獸醫師診斷。嘔吐物常見的顏色有：

透明或白色　吐出透明或白色液體、有時候帶一點泡沫，這主要是胃液，通常是因為消化不良或胃部疾病引起的。在狗狗狼吞虎嚥及吃到異物時，胃部會本能的排除那些對身體不好的東西。先不用太擔心，觀察後續是否有不良反應，若沒有，很快就會恢復。

黃黃、綠綠　嘔吐物呈現黃黃綠綠的顏色，可能與膽汁及胃酸有關係，也反應肝、腎、胰臟及腸胃道出了問題。在吃了太多高脂肪的食物後，嘔吐物也有可能是黃綠色的。若狗狗空腹太久，就會吐出黃色帶有泡沫的液體，請幫他改為少量多餐來調整腸胃狀況。

咖啡色　胃潰瘍或十二指腸潰瘍導致的胃部出血，嘔吐出來會是咖啡色。不過狗狗飼料絕大部分也是咖啡色、褐黃色，所以你需要觀察一下他吐出來的是食物還是胃液？如果單純只是食物可能是消化不良。

紅色　血液在胃部混合一段時間後，顏色會變暗變沉，才會是上述咖啡色的狀況，但若是狗狗嘔吐出鮮紅色的液體，天哪，那就請不用再觀察也不要再猶豫了，快帶他到醫院去，這可能是急性出血的問題。

吐完之後該幫狗狗做什麼？

☑ 立刻清掃嘔吐物

嗯，你們會說，這不是廢話嗎？但這真的不是廢話。很多狗狗會把自己的嘔吐物吃回去，而且是用迅雷不及掩耳的速度，讓你傻眼。所以，當狗狗吐完後又有準備吃掉的跡象時，請立即清理，不要讓他回收廢物。

☑ 補充水分

持續的嘔吐很容易讓狗狗脫水，適當的幫他補充水分才能恢復身體機能。有一些觀念是，為了防止狗狗繼續吐所以應該禁食禁水，但某些疾病是不能禁止喝水的，若你有疑慮可以先請教獸醫師。若狗狗喝了水又吐出來，可以用滴管把水滴在口腔或牙齦上，都能讓狗狗舒服很多。

☑ 少量多餐

黑麻糬在生病的那段時間，非常頻繁的嘔吐，焦慮之下我也問過醫生是不是應該先讓麻糬禁食？醫生告訴我，過去的傳統觀念的確是強調在嘔吐後先禁食觀察，但現代醫學已經漸漸翻轉這樣的做法。讓胃部完全空著一段時間然後又突然放進食物，這樣胃的負擔反而很大，不如一點一點地讓胃部慢慢運轉。所以當時候他請我用好消化的食物，以少量多餐的方式來幫助麻糬恢復體力。

☑ 減輕他的焦慮

狗狗吐完——尤其是不小心吐在你心愛的沙發或物品上——都會略顯愧疚，這時候不要理智線斷裂忙著抓狂，他已經身心難受又抱歉了。黑麻糬每次吐完之後，我並不忙著清理，而是先摸摸他、告訴他沒有關係沒有關係的。減輕生病犬的焦慮，也是照護中很重要的一環。

☑ 延緩洗澡

如果他不小心弄髒了自己的身體，先用溫熱濕毛巾幫他擦擦就好，不要急著拉他去洗澡，多數狗狗對洗澡都是緊張的，先讓他休息緩和一下，等身體恢復不再嘔吐時再去沖澡也不急。

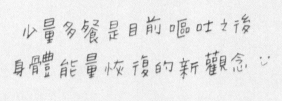

少量多餐是目前嘔吐之後
身體能量恢復的新觀念 ♡

5. 腸胃炎 Let me along, okay?

腸胃炎，就是腸胃道發炎，是一個範圍有點廣闊的疾病名稱。造成腸胃炎的原因很多，從簡單的吃壞東西到複雜的疾病併發症都有可能。狗狗腸胃炎的症狀與我們相同，主要特徵就是又吐又拉，且次數一天高達 4 ～ 8 次。小小歐小時候因為偷吃了我吃剩的大辣雞排骨頭，結果一整天持續的又吐又拉，身體虛弱、眼神哀怨，非常可憐，那時候還去醫院吊了兩天的點滴才康復。

狗狗為什麼會腸胃炎呢？

☑ 飲食問題

就像大辣雞排骨頭事件一樣，飲食問題是狗狗腸胃炎很大的一個原因，吃了不對或是壞了的食物都會引起問題。有時長期吃慣飼料的狗狗忽然轉換成鮮食時，也會因一時不適應，而出現嘔吐、腹瀉的情況。其他像是吃了變質或腐敗的食物，或是暴飲暴食引起消化不良及誤食有刺激性或有藥毒性的物品，也是腸胃發炎的發生原因。

☑ 心理問題

我們都有過經驗，當精神緊繃、心情緊張時，就會開始拉肚子，狗狗也是這樣。若長期處於神經敏感、情緒緊張的狀況下，慢慢地就會從腸胃開始出現狀況。

☑ 營養不良

當營養攝取不均衡或是長期營養不良的狗狗，腸胃道中的好壞菌比例失去平衡，腸胃變得脆弱、沒有抵抗力，一旦吃進了稍具刺激性的食物就會馬上誘發腸胃發炎。

☑ 病毒、寄生蟲感染或其他疾病

傳染病或寄生蟲感染時，因為該疾病而引發的腸胃不適。這種狀況應先著重在把主要病因治療好，才能根本的治癒腸胃發炎。像是犬瘟熱、犬細小病毒、鉤蟲病、鞭蟲病等，都有可能引發腸胃炎。

因為腸胃炎的誘發原因很廣泛，所以當狗狗忽然嘔吐腹瀉時，你可能會一時間不曉得究竟是怎麼回事？如果連你都不曉得發生什麼事，獸醫師也很難著手治療。小小歐開始拉吐後，我先環顧四周，然後發現垃圾桶旁邊有被撕爛的雞排紙袋、且骨頭行蹤不明，因此我可以具體的指出小小歐八九不離十是因為這件事而引發嘔吐。所以當狗狗又吐又拉時，不要慌，先觀察家中異狀或想想最近有什麼非常態改變，可以參考 3 點：

1. 環境
觀察一下周遭環境或回憶狗狗這兩天接觸過的人事物，有沒有什麼食物、藥品或是刺激性的東西被他碰觸過？比如廚餘、清潔劑、你在服用的藥物、路邊被丟棄的物品等。還是狗狗這幾天遭遇讓他害怕驚恐的事件——比如住進陌生的寵物旅館？

2. 飲食
思考一下過去 24 小時甚至 48 小時內，狗狗吃過、喝過什麼食物或藥品。縱使是再平常不過的東西都可以記錄下來提供給獸醫師，因為說不定你的狗狗對某樣食物過敏，但你卻不曉得。

3. 病史
若是因為病毒或寄生蟲感染而引發，就需要先知道狗狗是因為什麼疾病導致的，但有時候疾病本身的病徵並不突出或是你沒能看出來，那就需要思考狗狗過去曾發生過哪些疾病？比如曾被病毒感染——表示狗狗身體免疫力較差，這一次或許也是相同情況——這些都能提供給醫生作為治療參考。

找到原因後，接著要讓醫生知道狗狗現在是什麼情況，當然嘔吐與腹瀉是很明顯的症狀，但其中還是有輕微與嚴重的區分，不同的症狀表現，能讓醫生知道狗狗目前處於初期還是嚴重的後期，好加快治療方式的判別。腸胃炎的初期與後期症狀，我們可以了解一下：

腸胃炎初期：

- 肚子有蠕動的聲音，腹部感覺緊縮、腰背彎曲。若肚子痛的症狀嚴重，狗狗會出現 P171 的祈禱姿勢。
- 大便不成形，軟軟稀稀的，後來甚至直接排出液狀便便。
- 一開始會吐出沒有消化的食物，若持續嘔吐，胃被清空後就會吐出白色泡沫或是黃黃綠綠的膽汁。

腸胃炎後期：

- 持續的嘔吐會導致脫水，請用 P89 的方法檢視狗狗是否已經脫水。
- 便便味道惡臭，伴隨黏液或血液。若便便顏色呈深綠色或黑色，代表小腸出血。
- 體力虛弱，沒有辦法正常行走或站立。
- 身體發熱，若是細菌感染體溫可以高達 40℃左右。
- 心跳加快、眼白發紅。

當病因與症狀都讓獸醫師充分了解之後，就請放寬心，醫生會給狗狗最恰當的治療，除了基本的止吐、止瀉外，也會針對誘發原因給予藥物或針劑。若狗狗已經到達脫水的程度，可以額外點滴補充葡萄糖、維生素 B1、維生素 C 等。

一次嚴重的腸胃炎，會耗掉狗狗與我們許多精力與體力，甚至財力。一隻健康的狗狗當誤食不良的食物而引起腸胃不舒服，通常在很快的時間內——以我們家的眾狗來說，大約是半天時間——就能自體修復完成。所以如果你的狗狗總是反覆地出現腸胃炎且持續超過一天、狀況嚴重的話，有些平時的預防與照護就是我們的責任。

如何預防腸胃炎？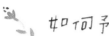

☑ 檢視飲食習慣

有沒有給狗狗吃他不該吃的東西？不要因為他老是露出無辜祈求的眼神就心軟讓他吃你吃的食物。也紀錄狗狗吃過哪些東西後容易腸胃不適，就避免那樣的地雷飲食。其他像是檢視飼料是否變質？夏天飲食是否不乾淨？狗狗老是暴飲暴食？糾正他與你的壞習慣，才能從日常斷絕腸胃炎的引起。

☑ 保持自身與環境的清潔

定期幫狗狗洗澡、時時清潔狗狗身處的環境、外出緊盯不讓狗狗亂吃東西，這些小小的注意就能盡可能避免因細菌或寄生蟲感染導致的腸胃發炎。

☑ 定期投藥與疫苗注射

還記得第 3 篇章我們聊到怎麼幫狗狗維持健康嗎？定期的投藥與疫苗注射，良好的運動與日常照護，這些健康保持都能增強免疫力，免疫力強大了，就能快速的自體修復，也能抑制不適症狀變得更嚴重。

☑ 補充益生菌

可以考慮補充狗狗專用的益生菌保健品，除了可以讓腸胃道的好菌增加，也能夠慢慢調整容易生病的體質。

6.皮膚病
Handsome O. & Miserable little O.

光鮮亮麗的帥氣黑麻糬 &
總是慘兮兮的 小小歐

心理影響生理之大的小小歐，有一陣子皮膚老是出問題，在帥氣烏黑的黑麻糬旁邊，小小歐活像個壞掉的沙發，非常悽慘。

狗狗的皮膚病是個很常見但又很麻煩的問題，輕則輕、重卻又可以很重，一旦皮膚出現狀況就需要頗長的時間慢慢治療調養。雖然一些日常的照護可以減少皮膚病發生，但在台灣多雨悶熱的氣候裡，每隻狗狗的一生或多或少都會遇上 1 次皮膚疾病。

皮膚病的發生原因很多，從氣候到環境、從飲食到寄生蟲，都有可能引發皮膚問題，且種類相當繁複。不同的皮膚病會有不同的病徵與對應方法，這裡我挑了 3 個較常見的皮膚疾病作介紹，但這終究只是龐大皮膚病種類中的麟毛鳳角，因此狗狗皮膚發生狀況時，還是要請獸醫師仔細檢查後對症下藥。

不過，所有皮膚病發生時，狗狗會有一些共同徵兆與漸進：

● **這裡癢那裡癢**

雖然抓癢是狗狗的日常，要他不抓也難。但如果過度且持續不停的搔癢——有時候會僅侷限某個部位，且強度越來越大，那就請一吋一吋翻開狗狗的毛髮，檢查皮膚狀況。

● **皮膚紅疹或異常**

許多皮膚病的初期，都是從紅疹開始表徵。像是環境潮濕造成的濕疹、花粉帶來的過敏性皮膚炎、塵蟎引發的疥癬症等。尤其有高達 30% 的狗狗有過敏性皮膚炎，都是因為紅疹而被發現。如果紅疹不被重視理會，之後皮膚狀況很容易每況愈下。

● **不停的舔拭**

皮膚癢癢或開始異常，狗狗會下意識的不停舔拭該部位。最常見罹患趾間炎的狗狗，因為腫痛，會一直舔拭腳趾之間的部位，藉此你就能發現狗狗的皮膚問題。

● **大量或大面積掉毛**

放任狗狗舔拭已經出問題的皮膚並不是一件好事，唾液中的細菌會讓皮膚病更嚴重，一旦惡化，掉毛就會是下一個顯著的病徵。有時單純的跳蚤、壁蝨叮咬引起的皮膚問題，也會有掉毛的狀況。

● **難聞的體味**

當皮膚有傷口或潰爛時，狗狗就會散發出濃厚的體味，甚至是臭味。拜託請不要讓狗狗惡化到這樣的地步，發出難聞味道的程度，狗狗本身已經很不舒服了。

異位性皮膚炎

異位性皮膚炎，是指對某種物質產生過敏反應而導致皮膚發炎，它是一種無法根治的自體免疫疾病。當氣溫 25℃以上、濕度達 70% 就是過敏原孳生的好發條件，而台灣氣候恰恰就是這樣的溫床。狗狗異位性皮膚炎約有 10% 來自於食物，如麥的麩質、牛肉、牛奶等；其他 90% 過敏原主要還是來自塵蟎、黴菌、花粉或昆蟲皮屑這類在空氣中飄移的物質。所以，說到這裡就曉得為什麼異位性皮膚炎無法根治，因為你或許可以控制過敏食物來源，但很難去清除那些在空氣中的過敏原，因此這種皮膚病強調的是「控制」，而不是「根治」。

異位性皮膚炎常發生的季節：

1. 梅雨季

春天進入夏天時，滴滴答答個沒完的梅雨季，再加上漸漸回暖的氣溫，在溫度與濕度都完美達標的條件下，異位性皮膚炎就會大肆發作。

2. 入秋時節

年尾 10 月、11 月入秋時，有時濕濕涼涼的東北季風報到後緊接著秋老虎又落下熱呼呼的陽光，這樣忽暖忽涼、悶熱潮濕的變化若再加上不通風的環境，狗狗的異位性皮膚炎就很容易出現。

3. 溫差變化大的初春

冬天的尾巴還沒過，春天後母心卻又不停變臉，一下冷、一下熱、一下乾、一下濕，別說是狗狗了，有過敏體質的人在這時期也很容易發作皮膚炎。

異位性皮膚炎怎麼治療啊？

就像剛剛說的，這是一種無法根治的自體免疫疾病，沒有一個顯而易見的感染源可以讓我們去消滅，因此只能著重在狗狗身處環境的控制。當然嚴重的異位性皮膚炎還是有一些藥物可以治療，但不僅耗費時間也耗費金錢，對我們來說是可能會是一個不小的負擔。

☑ 減敏療法

獸醫師會先做檢測，找出狗狗吸入性過敏來源——也就是飄移在空氣中的過敏原，然後將這個過敏原從低濃度開始，定期漸進式的注入狗狗身體內，從源頭調節過敏反應，降低敏感度。前後約需要 2 年時間且費用昂貴，最重要的是並不是所有狗狗都適合這個療法，還需要經過一連串評估後才能進行。

☑ 免疫抑制劑

免疫抑制劑是用投藥的方式來達到免疫調節，目前異位性皮膚炎最主要的治療方式也是它。免疫抑制劑的種類很多，傳統上常使用類固醇和環孢素，近幾年則有安癢快和安逸膚的止癢劑加入。每一種藥品對過敏的抑制方式與阻斷效果都不同，費用差異也很大，最主要還是要依據狗狗的過敏狀況請獸醫師評估該使用哪一種藥物，我這邊只能簡單的介紹主要藥品給你們做初步認識。

☑ 環境控制

於外，在花粉好發的季節，減少狗狗外出的時間；於內，使用可以過濾塵蟎的冷氣機來保持室內空氣的乾淨與乾燥。狗狗睡覺的軟墊或被被增加更換的頻率或定期使用塵蟎機來殺除塵蟎，其他像是抗菌地板清潔劑、空氣清淨機都能一起加入防敏大作戰。但比較讓人難過的是，環境控制只能盡可能縮減過敏來源，仍然無法完全停止過敏發生，所以加油了，我們的耐心與毅力很重要。

☑ 食物控制

雖然食物引起的異位性皮膚炎只占 10%，但若你的狗狗是因為食物才引起皮膚炎，那真的要恭喜你了，因為只要找出過敏食物來源，然後堅決不讓狗狗碰食到，就沒問題啦！

✳ 黴菌感染

與異位性皮膚炎好發條件相同，高溫高濕的氣候是培養黴菌滋生的大好溫床。悶熱多濕的夏日梅雨季，對多毛的寒帶狗狗很辛苦，尤其多層毛髮剛好能讓黴菌有良好的生長環境，皮膚問題就會悄悄出現。讓人欣慰的是，黴菌感染若發生在狗狗身上，只要不是免疫力太差，一般都侷限在某一小部份，不太會大面積的全身性感染；但讓人困惱的，黴菌感染是人畜共通的皮膚病，如果你抱著感染黴菌的狗狗，然後身體又剛好流汗濕熱，黴菌一家人就會搬家到你身上。

黴菌感染症狀：

發生在狗狗身上

狗狗因為有毛髮遮蓋，黴菌感染後其實不容易被發現。被感染的地方通常呈圓形或外圍不規則形狀，沒有很明顯的脫毛現象，有時會出現紅斑、鱗狀皮屑。

發生在人身上

因為是人畜共通，很多時候是飼主先出現症狀了，一問之下才知道是被整天抱著的狗狗感染。當你身上出現很癢又慢慢變大的圓形紅疹，中間脫屑、四周突起紅腫，嚴重一點還會有水泡、分泌物與刺痛感時，就要懷疑是不是被寵物傳染了。

黴菌引起的皮膚病常發生在：

1. 環境潮濕

除了台灣高溫高濕氣候外，很多公寓大樓的環境都不寬敞。在狹小的空間裡除了擠進基本家庭人口與塞好所有家庭物品後，狗狗才有他的活動空間。我曾租過一間市區老公寓當工作室，樓下的家庭，在僅僅 18 坪的地方住進一家四口＋兩隻大大的黃金獵犬，噢，想必很擁擠。在這樣的條件中，狗狗因為環境黴菌而引起的皮膚病就很常見。

2. 皮膚潮濕

若狗狗身處的環境陰濕，總是曬不到太陽，黏濕糾結的毛髮很容易滋生黴菌。在常常下雨的日子就要提高警覺，把毛髮翻開用指腹感受狗狗的皮膚會不會有點濕熱？若是，夏天用電風扇、冬天用吹風機幫他去除水氣。也保持狗狗睡覺位置的通風，狗窩裡的墊子或布褥常常更換清洗。

2. 抵抗力差

幼犬、老犬、病犬，當抵抗力較弱時也容易讓黴菌趁虛而入。

黴菌感染後約需要 4 ～ 6 週的治療時間。治療方法從藥膏、服藥、外用洗劑都有，使用哪一種要視感染嚴重性而定。要留意的是，口服黴菌藥對狗狗的副作用比較多，且也較傷肝。如果可以，請從日常清潔做起，不要讓狗狗遭受黴菌之苦。

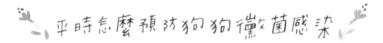

平時怎麼預防狗狗黴菌感染

☑ 居家除溼

如果居家環境真的無法做到通風，那請使用除溼機，低濕的環境可以抑制黴菌滋生。市面上也有溫度濕度計，買一個放家裡，隨時注意讓家中濕度保持在 40% 左右。

☑ 洗澡後務必吹乾

狗狗洗完澡或玩完水後，請務必幫他吹乾。很多飼主喜歡讓狗狗自行甩乾，如果是夏天並在通風良好的環境倒還可以，若氣候、環境條件不佳，請一定要吹乾喔。

☑ 多多曬太陽

紫外線是最好的殺菌劑，平時多帶狗狗外出運動、曬曬太陽，除了保持毛髮乾燥外，又能增強抵抗力，多好。

☑ 漂白水清潔環境

每 2 個星期用稀釋的漂白水消毒居家環境與地板，漂白水與水稀釋的最佳黃金比例是 1：100。但為了避免狗狗會去舔拭地板，漂白水消毒後約 10 分鐘，記得再用清水擦拭過。

疥癬

疥癬是因為疥癬蟲寄生在狗狗皮膚而引起的皮膚病。它的傳染力非常高，狗狗一旦感染就會快速擴及全身，而且伴隨劇烈的搔癢與脫毛。疥癬蟲不像壁蝨可以徒手抓掉，它非常非常細小，我們肉眼沒辦法看見，獸醫師也要利用顯微鏡才能確認疥癬蟲存在。

小小歐在初來乍到的時候，因為陌生環境與黑麻糬欺壓的巨大壓力，讓他那段時間身體狀況很差，有一陣子脫毛非常嚴重又抓得厲害，就醫後才知道是疥癬感染。疥癬感染的狗狗，整體狀況就很像我們常揶揄的「癩痢狗」，這裡一塊、那裡一塊，不只毛髮稀疏還會發出臭味。原本心情就很差的小小歐，因為疥癬帶來的身體不適與外表糟蹋，讓他整個人（狗）籠罩在悲慘與絕望裡，極度失意。

疥癬蟲症狀常出現在：

初期會從耳緣、四肢關節處開始發生，
有時候也會在臉部及腹部發現。

耳朵邊緣

四肢關節彎曲處

疥癬蟲帶來的症狀：

劇烈搔癢、遍布紅點、患處脫毛、患處因為皮痂而感覺皮膚變得厚硬

我印象最深的，除了搔癢與脫毛外，那些被疥癬蟲啃咬的皮屑、皮痂，會像魚鱗片一樣變成一片一片、一層一層的白色毛屑，然後卡在小小歐的毛髮上，若想用梳子把皮鱗片（這名詞是我自己取的）梳下來，小小歐會感覺疼痛、哀哀叫。所以後來是選擇讓皮鱗片自然代謝脫落，但因為這樣，小小歐整個外觀顯得好悽慘……

因為每隔 3 ～ 10 天，疥癬蟲就會由蟲卵孵化為幼蟲，所以治療過程需要 3 ～ 4 週，涵蓋整個疥癬蟲的生命週期，才能把病症根除。當時小小歐去獸醫院檢查時，獸醫師除了刮下皮屑檢查外，還表演了一個很有趣（在我看來很搞笑）的小撇步：

> 用食指和母指抓住小小歐左邊耳朵的外緣然後揉擦，小小歐的左腿會反射
> 性的去抓左耳朵；當改揉擦右耳時，又會用右腿去抓右邊耳朵。

醫生說這是耳緣後腳反射動作。如果你懷疑狗狗是不是感染疥癬，或許可以試試看～

感染疥癬怎麼辦？

☑ 遵照治療指示

因為有潛在蟲卵孵化的問題，所以在用藥上有它必須執行的間隔與流程，不管是注射殺蟲藥劑還是使用藥膏、藥浴，都請與獸醫師確認使用次數與方法，才能在最短的時間內根除狗狗身上所有的疥癬蟲與蟲卵。

☑ 剃毛

如果疥癬蟲已經蔓延到狗狗全身，醫生會建議把毛髮都剃除，然後使用具有去角質的洗毛精除去皮痂，之後才使用殺蟲藥劑，這樣才能徹底去除頑強疥癬。

☑ 消毒

狗狗這段期間穿過的衣物、項圈、睡過的毯子等，用煮沸的熱水清洗消毒。其他物品如果無法過水煮沸的，可以放在太陽下靜置曝曬 2 週時間，確保疥癬蟲蟲卵死亡。

☑ 隔離並避免集聚

疥癬也是一種人畜共通的皮膚疾病。如果家裡還有其他寵物或抵抗力較弱的孩子、老人，請把被感染的狗狗隔離起來，並且不要和其他寵物共用物品，當然，也暫時不要讓狗狗上沙發和床啦。治療期間，也盡量不要讓狗狗到公園、寵物旅館等許多狗狗聚集的地方，才不會讓高傳染力的疥癬就這樣散撥出去、危害他狗。

異位性皮膚炎、黴菌感染與疥癬蟲感染是狗狗界中很常見的 3 種皮膚疾病，但並不是說除了這 3 種，其他皮膚病得到的機會都很低，如同章節一開始說的，每隻狗狗會因為他的體質與生活環境而可能出現各種不同的皮膚症狀，像是皮脂漏症、趾間炎、皮囊炎、酵母菌感染，甚至皮膚腫瘤等，涵蓋的種類非常多。所以一旦狗狗的皮膚似乎出現異狀且遲遲沒有好轉，請帶他讓獸醫師妥善治療。但不論是哪一個種類，當狗狗出現皮膚疾病後，有兩個共同的措施，我們必須立刻去做。

皮膚病發生後，該立刻做的兩件事

1. 戴上羞恥圈

有養狗狗的人都知道什麼叫羞恥圈，也都能會心一笑。羞恥圈，其實就是伊莉莎白圈。伊莉莎白圈？越講越奇怪了。它是一種戴在狗狗脖子上，防止狗狗去啃、咬、舔自己受傷部位的一種保護性醫療器材，因為戴上去後很像伊莉莎白時代的女性在脖子上那一圈如喇叭一般的環狀脖套拉夫領而得名。早期的羞恥圈只有白色塑膠片捲起來的款式，但現在的羞恥圈已經相當潮流，有各式各樣的造型。總之，不管是什麼樣子的羞恥圈，狗狗發生皮膚疾病之後，幫他挑一個戴上吧！

2. 環境徹底清潔與消毒

大部分的皮膚病，若出現傷口，還是會建議暫時不要碰水洗澡。但因為許多皮膚病種類都有傳染性，甚至人畜共通，所以這時候無法清潔身體，就需要幫環境做徹底的清潔與消毒。另一個需要立即清掃環境的原因，是為了避免狗狗重複感染相同的病原體——像是寄生蟲、黴菌等——而讓病症遲遲無法好轉。

當然，感染皮膚病後的治療是亡羊補牢——不要小看皮膚病，有些抵抗力弱的狗狗在皮膚感染後逐漸惡化，以致死亡——在亡羊之前，有一些平日裡我們可以幫狗狗預防皮膚病的方法，有事沒事就做一下，這樣縱使狗狗真的不小心出現皮膚疾病，也能在頭好壯壯的先天優勢下快速戰勝壞東西。

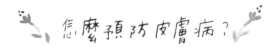

怎麼預防皮膚病？

☑ 春夏蚊蟲防護

壁蝨、跳蚤、蚊子也是引起狗狗皮膚問題的大宗兇手。這類體外寄生蟲不只會造成皮膚傷口，也會引發過敏、氣喘。春末夏初，寄生蟲大量出現的季節，不要忘了定期投藥，快複習 P83 的投藥介紹。

☑ 常常梳理毛髮

狗狗的毛髮總是掩蓋了皮膚病的徵兆，有事沒事多幫他梳理毛髮，在毛髮整順的過程就能早期發現皮膚病問題。且多多梳理毛髮，還能促進新陳代謝、增加抵抗力，所以這個小動作真的對健康很好。

☑ 剛剛好的時間洗澡

也就是依據季節、氣溫、外出活動量來調整洗澡次數，已經忘記該怎麼調整的你，請往前翻翻洗澡的章節。間隔太長才洗澡的壞處，大家比較能細數，但也請不要為了預防皮膚病傳染就卯起來天天把狗狗抓去洗香香。洗澡次數太過頻繁會洗掉狗狗身上的油脂，導致皮脂膜受損。皮脂膜是狗狗天然的身體保護，把它洗掉了，等於洗掉保護功能，防禦力自然就下降，然後發炎、過敏也會跟著來。

☑ 皮膚保健食物補充

除了上面提到的日常預防外，吃下肚子的東西更能直接從身體反應出來。有一些食物的營養素，對於皮膚的保健與修護有很棒的功效，捲起袖子，1 週 1 次，幫狗狗做一頓皮膚保健餐：)

魚油	魚油含有豐富的 omega-3 不飽和脂肪酸，而 omega-3 脂肪酸是細胞膜的主要成分，可以促進細胞代謝與維持正常功能。另外魚油中的 Omega-6，能幫助皮膚修復並減少過敏反應。你可以選擇從魚肉料理中幫狗狗補充營養，或者針對反覆發生皮膚病的狗狗找一款適合的狗狗魚油保健品來調整體質。
亞麻仁籽	海中的 Omega-3 來自魚油，陸地上的 Omega-3 就來自亞麻仁籽。適當的補充亞麻仁籽可以抑制搔癢、改善皮膚乾燥並讓毛髮健康亮麗。若有過敏體質或心血管疾病的狗狗，亞麻仁籽也能達到修復的功效。
高鋅食物	像是取得很容易的雞蛋、豐富礦物鋅的肝臟與肉類、清爽的白蘿蔔等。高鋅食物可以有效的幫助增強免疫機能。
抗氧化食物	含豐富維他命 A、C、E 的胡蘿蔔、青花菜與菠菜，可以保護皮膚細胞膜，幫助狗狗皮膚抗氧化、降低發炎反應。十字花科蔬菜也能有效緩和很難忍的癢癢。

有些長輩會提供治療狗狗皮膚病的偏方，像是泡溫泉、使用硫磺精等。黑麻糬有一陣子也因為皮膚反覆出問題，就用了稀釋 20 倍的硫磺精擦拭身體，很神奇的，竟然幾次之後就康復了。但這樣的偏方請視狗狗的體質衡量使用。我並不排斥這一類祖先流傳的智慧偏方，只是保險起見，若你也想試試看，請先問過獸醫師再進行。順道一提，溫泉粉、硫磺精在一般藥局都有販售，我也是因為黑麻糬才知道這個資訊。

7. 胰臟炎
A frightening thing

一開始是碗裡都還剩著食物，後來就什麼都不吃了。

在我搬回花園小屋，與雙歐一起生活 1 年後，麻糬那年 15 歲。我知道以一隻狗狗來說，這已經是個很大的年紀，但黑麻糬一點也看不出老態，仍然活力充沛、精力十足。回想起來，唯一的變化，就是原本一身烏黑亮麗的毛髮，卻從下半身開始慢慢變黃，那是一個警訊，但那時候的我，卻一點也不知道。我一直覺得他應該能再陪我好多年，活到 18 歲也不會有問題。

那年，還很熱的 9 月初，黑麻糬的碗裡開始剩著食物。我想，是因為天氣熱、年紀大、胃口差吧？但除了碗裡的剩食其餘毫無異狀，且還對零食興趣盎然，我也就不那麼介懷。9 月中旬，不再只是碗裡留著食物，而是在他聞聞嗅嗅舔舔後，整碗的食物仍完好無缺地待著。但因為先前有過好幾天的厭食，再加上還會吃吃零食，所以我與碗裡的食物一起耐心的等待，1 天、2 天、3 天、4 天……然後他連零食都不吃了！

不吃東西是一個讓人憂慮的問題、不吃最愛的零食是一件讓人驚恐的事。這時候身邊許多聲音都出來，告訴我：狗老了不吃東西很正常要我不要太憂慮，告訴我：狗跟人一樣都會有不吃東西的時候過一陣子就好了，告訴我：黑麻糬很老了啊可能時候到了順其自然就好。一直帶著動物天生天養的心情與家中七隻狗狗相處，面對這些耳語，我想著自己是不是該調適心情接受麻糬即將離開？那如果只是生病呢？那萬一一直不吃東西明天就走了呢？那說不定只是又一次厭食再等等看嗎？我心亂如麻。

幾天後，帶麻糬外出散步，發現他蹲下身體表現出很想便便，但卻怎麼也便不出來的時候，我深呼吸，抱起他，轉身直奔獸醫院。

經過觸診、聽診、問診，血液檢查都沒問題後，醫生要我靜候一下，過了約 20 分鐘，他拿出一個小小的、白色的快篩試片，告訴我，黑麻糬是胰臟發炎。

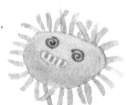

胰臟炎，就是胰臟發炎。胰臟是體內負責控制血糖及分泌消化酵素的器官，胰島素、升糖素、胰蛋白酶、胰脂酶等都由它來掌管。身體要維持正常運作，胰臟負有很大責任。如果胰臟發炎，那連帶的消化系統、內分泌系統都會跟著出問題。也就是因為這樣，如果狗狗罹患胰臟炎，往往會合併許多其他器官的併發症，致死率也高出許多。胰臟炎有先天與後天原因。

先天性胰臟炎

先天性是源自於狗狗胰臟本身分泌的胰蛋白酶不正常活化，是遺傳上的突變。有些品種的狗狗特別容易罹患這個疾病，如：

迷你雪納瑞、約克夏、可卡犬、拳師犬、可麗牧羊犬等。

而大型犬如拉不拉多、哈士奇也是好發族群。

後天性胰臟炎

人類的胰臟炎，大家應該都有點認識。每當過年過節、大吃大喝之後，有許多人就會因為胰臟發炎到醫院報到，而狗狗也是如此。國外有研究，每當感恩節、耶誕節——也就是火雞肉與烤雞大餐的日子——過後，獸醫院就會開始需要處理許多狗狗胰臟炎的病例。在台灣也是，過年圍爐、中秋烤肉之後，就是狗狗胰臟炎的高峰。原因來自喜歡一起同樂的我們總會把大餐分一點、分一點給在一旁焦急等待的狗狗享用，而這一點、一點卻不知不覺早已超過狗狗可以攝取的脂肪量，當他的消化耐受度比較差時，胰臟炎就發作了。所以幼犬、老犬或疾病中的狗狗，也都容易一不小心就胰臟發炎。當然狗狗發生胰臟炎的原因，並不是只有「吃」這一件事，但可以確定的是，他們的胰臟炎與飲食有很大的關係，也就是說：
吃人類吃的食物比起狗狗乖乖吃自己的食物而得到胰臟炎的機率高很多。

胰臟炎常見的發生原因：

☑ 飲食

- 長期攝取過油、高脂食物。
- 平時都吃飼料或低脂食物，忽然吃到高油脂食物後的刺激，導致胰臟發炎。
- 暴飲暴食、進食量過大，都會讓胰臟過度運作而引起發炎。

☑ 藥物

- 目前醫學臨床知道有些藥物會誘發胰臟炎，像是抗癲癇藥物、化療藥物等。

☑ 外傷或麻醉

- 當大量且急速失血時，因為身體脫水與低血壓而造成胰臟缺血、感染。常發生在出車禍或外力損傷的狗狗身上。
- 麻醉的情況也略同。全身麻醉時的低血壓，也會使胰臟缺血而引起發炎。

☑ 其他疾病

- 罹患糖尿病、腎上腺機能亢進、甲狀腺機能不足等慢性疾病可能誘發胰臟炎。
- 肝臟、腎臟功能不好的狗狗會影響胰臟的運作。
- 有少數案例是因為腫瘤疾病而併發胰臟炎。

☑ 生活習慣

- 總是不愛活動、運動，整天躺著不動，身體機能代謝緩慢容易引發胰臟炎。
- 體脂肪高的肥胖的狗狗也是危險族群。

☑ 好發品種

- 如果你的狗狗是前面提到的好發品種狗，那請特別幫他注意飲食與生活習慣。

據說，罹患胰臟炎會非常非常地痛（我的天……麻糬……），但因為狗狗很能忍痛——動物本身自我保護的習性——且不會說話，所以當我們發現問題時，往往都已經很嚴重了。黑麻糬究竟是哪時候開始發作，已經很難追究，但到了無法進食的程度，我想他已經很痛很痛……每每想到這裡，心裡的不捨實在無法言喻。也有一種說法是，與主人感情親密的狗狗，為了不讓主人擔憂，會盡可能隱藏自己的身體不適。

胰臟炎的症狀

☑ 食慾極差

什麼都不想吃、什麼都吃不下，或是連最愛吃的東西都淺嚐即止。因為肚子裡已經很痛，根本就沒有食慾，而這通常是胰臟炎第一個出現的症狀。但狗狗常常有不吃東西的時候，像是發情、季節厭食或是吃壞肚子自體修復時期，所以第一時間我們幾乎不會把「不吃東西」與「胰臟炎」聯想在一塊，而錯失早期治療的時機。

☑ 排泄不正常

你們或許可以在許多資料中看到胰臟炎會有拉肚子的病症，可是黑麻糬在一開始時卻是大便大不出來。為什麼我會發現他的身體出問題，除了食慾極差，外出時，他會做出排便的動作——代表他是想便便的——但是卻完全沒有東西出來。這個當下，我就帶黑麻糬去就醫了。在治療期間，會有極少量的排泄物，但不管是形狀或是顏色都很讓人揪心，總是呈現糟糕的血便或黏液狀態。

☑ 疼痛表現

還記得前面提到的祈禱姿勢嗎？大部分腹部疼痛的狗狗都會有這樣的表現，但每隻狗的狀況都不盡相同，黑麻糬就沒有出現祈禱姿勢，但可以明顯感覺他很不舒服，常常捲曲著身體，虛弱無力。其他像是拱背、肢體僵硬，都能列入觀察的參考。

急性胰臟炎與慢性胰臟炎的差異

急性胰臟炎

症狀來的很突然且劇烈，不過可以在短時間內控制病情。急性胰臟炎很多時候會轉變為慢性胰臟炎，這樣的狗狗縱使康復，未來反覆發作的機率會仍比較高。

慢性胰臟炎

低度且緩慢的發炎，整個病症會持續 2 ～ 3 週以上，不容易被察覺。

最讓人害怕的不是胰臟炎本人，而是它帶來的其他併發症。大部分因為胰臟炎死亡的狗狗，都是併發症的關係，且致死率高達 30 ～ 50%，這樣你們就知道胰臟炎的可怕了。胰臟四周有許多重要的器官，一旦它發炎，很容易會波及其他器官而引發如腹膜炎、急遽腸胃炎、敗血症、器官衰竭等疾病。縱使狗狗本身的胰臟炎已經被控制住，但其他併發症卻會讓他很難再恢復健康。黑麻糬生病後期，應該也是因為併發症的關係而再也無法挽回。為什麼說「應該」呢？那是一段很揪心的路程，後面與你們分享。如果是胰臟炎發病初期或是慢性胰臟炎，我們的確很難直接斷定狗狗就是得了這個疾病，當時候我也只是因為黑麻糬吃不進、大不出才去就醫，經過醫生利用一個簡單快速的方式篩檢，馬上就得知是胰臟炎的緣故：

SNAP cPL 檢測套組

檢測胰臟炎的方式很多，但因為這是一個擴及許多器官的疾病，所以血液檢查或是侵入式的切片檢驗都不盡理想，後來美國 idexx 公司就推出了這個只要在診間抽血然後等待 20 分鐘就能精準判別胰臟炎的檢測方式，我簡單畫給你們參考：

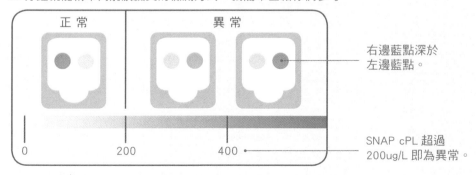

正常　　異常

右邊藍點深於
左邊藍點。

0　　200　　400

SNAP cPL 超過
200ug/L 即為異常。

胰臟炎的治療

雖然治療是醫生的事，我們就算焦急也很難幫得上什麼忙。但在這裡我還是想把治療方式為你們做個簡單的介紹，原因是，因為狗狗本人無法發言，很多時候，當獸醫師要進行某一項處理或治療時，必須先問過你的想法並徵求同意。我印象很深，當時醫生最常問我：「妳現在想要怎麼做？」媽啊！我怎麼知道我要怎麼做？如果我們愣頭愣腦、腦筋一片空白，那治療流程就很難進行下去。就我與麻糬當時的經驗，胰臟炎沒有專門醫治的藥物（如果這本書可以銷售長青，希望你閱讀的這時候已經有治療藥物了），大部分只能靠支持療法與對症治療。意思就是，頭痛醫頭、腳痛醫腳，剩下的交給狗狗自身抵抗力來恢復。所以此時你對狗狗的觀察就很重要，他有沒有吐？大便什麼形狀？什麼顏色？有感覺肚子痛嗎？有嘔吐食慾不振嗎？

☑ 對症治療

因為發炎疼痛而無法進食，沒有足夠的能量就無法對抗疾病。所以必須率先抑制發炎與疼痛並且及時止吐。依據狗狗的症狀，醫生會給予消炎藥、止痛藥、止吐藥或止瀉藥。黑麻糬到後期，許多藥物的成效已經不大，因此醫生有另開促進食慾的藥物幫助黑麻糬進食，好補充營養、累積能量。

☑ 皮下或靜脈輸液

因為嚴重的嘔吐與腹瀉會導致脫水，無法進食則會電解質不平衡。這時需要利用皮下或靜脈輸液來補充水分、電解質及需要的營養素。這種方法是先把狗狗因為疾病而流失、缺少的東西趕快先補回去，這樣狗狗才能有基本體力慢慢恢復能量，因此皮下或靜脈輸液也就是我們常說的支持療法。

☑ 營養支持

對症治療並輸液後，也要幫狗狗補足營養才能修復傷害，可以請獸醫師建議適合的處方飼料，或是選擇低脂肪含量的營養膏。

☑ 其他藥物

部分獸醫院會提供胰臟酵素活性抑制藥物，幫助狗狗減少流入血管內的胰臟酵素，以減低發炎反應。不過這類藥物要視狗狗的情況評估使用，且通常費用都較昂貴。

治療過後該怎麼照顧狗狗？

☑ 把你的手剁掉

如果狗狗罹患胰臟炎的原因是因為你老是拿自己的食物給他吃，又不幫忙把關油分、鹽分、糖分，請改過你的壞習慣，改不過來就剁了自己的手吧。

☑ 少量多餐

剛從胰臟炎中恢復的狗狗，腸胃功能可能還沒有完全康復，請以好消化的食物、少量多餐餵食。

☑ 低脂少油

除了醫生建議的處方飼料外，可以給予一些鮮食協助營養補充，但記得一定要低脂少油。低脂的衡量可以參考：乾式飼料粗脂肪低於 17%、濕式飼料（罐頭或鮮食）低於 20%。但不要想說胰臟炎是因為油脂引發，所以就極度控油、天天給白飯白粥，狗狗還是需要適當的油脂來保持體內機能正常運作。

☑ 維持良好飲食習慣

急性胰臟炎很容易轉變為慢性胰臟炎或間歇性胰臟炎。黑麻糬當時在很短的時間內，胰臟炎濃度反覆超標。所以良好的飲食習慣必須堅定的繼續維持下去，不要因為狗狗活蹦亂跳了就又故態復萌給他垃圾食物。咦？你的手還沒有剁掉？

☑ 保持良好生活型態

不愛動、肥胖的狗狗很容易罹患胰臟炎。維持足夠的運動量、保持身心愉快，這些都是增強抵抗力、抵禦疾病最好的事先防護。

☑ 細心觀察、提高警戒

如果你的狗狗是好發品種或曾經得過胰臟炎，那未來發作的機會就很高。平日細心的觀察，有疑似症狀就可以請獸醫師利用快速方便的 SNAP cPL 做檢測。

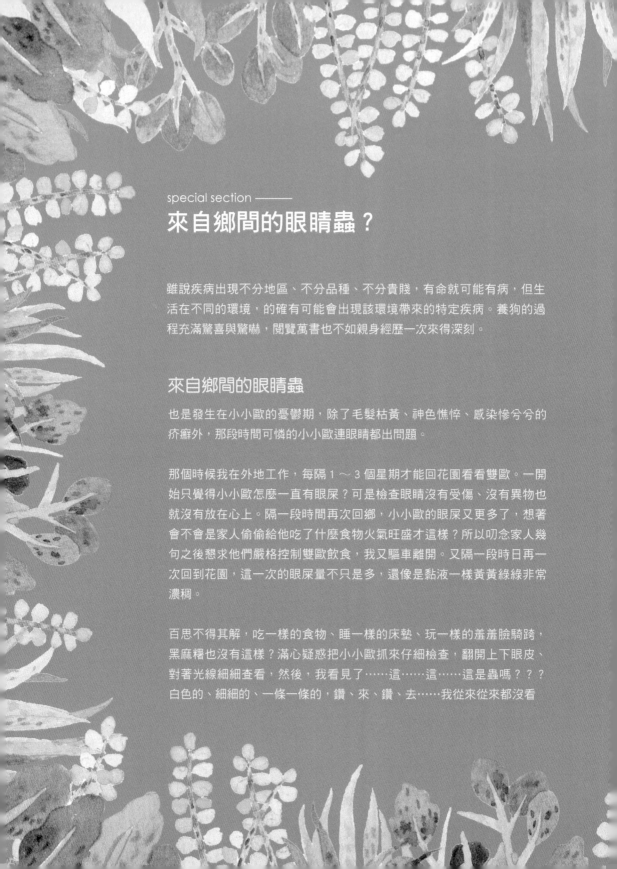

來自鄉間的眼睛蟲？

雖說疾病出現不分地區、不分品種、不分貴賤，有命就可能有病，但生活在不同的環境，的確有可能會出現該環境帶來的特定疾病。養狗的過程充滿驚喜與驚嚇，閱覽萬書也不如親身經歷一次來得深刻。

來自鄉間的眼睛蟲

也是發生在小小歐的憂鬱期，除了毛髮枯黃、神色憔悴、感染慘兮兮的疥癬外，那段時間可憐的小小歐連眼睛都出問題。

那個時候我在外地工作，每隔 1～3 個星期才能回花園看看雙歐。一開始只覺得小小歐怎麼一直有眼屎？可是檢查眼睛沒有受傷、沒有異物也就沒有放在心上。隔一段時間再次回鄉，小小歐的眼屎又更多了，想著會不會是家人偷偷給他吃了什麼食物火氣旺盛才這樣？所以叨念家人幾句之後懇求他們嚴格控制雙歐飲食，我又驅車離開。又隔一段時日再一次回到花園，這一次的眼屎量不只是多，還像是黏液一樣黃黃綠綠非常濃稠。

百思不得其解，吃一樣的食物、睡一樣的床墊、玩一樣的羞羞臉騎跨，黑麻糬也沒有這樣？滿心疑惑把小小歐抓來仔細檢查，翻開上下眼皮、對著光線細細查看，然後，我看見了……這……這……這是蟲嗎？？？白色的、細細的、一條一條的，鑽、來、鑽、去……我從來從來都沒看

過這樣的東西、也從來從來都不知道狗狗的眼睛會長蟲？！一開始我試著用棉花棒想把蟲蟲弄出來，但發現完全沒有辦法後，立馬一把把小歐抓起來、手刀前往獸醫院。推開門，我大叫：「有蟲！」。對比我的驚恐與慌張，醫生顯得從容自在，幽幽地說：「噢……又是這個啊！」，我心裡想「又？」。

翻開眼瞼後，可以看到有許多細小、白色的線蟲在蠕動。它們會不停移動位置，有時在上眼瞼、有時在下眼瞼、有時一整陀躲在眼頭的地方。奸詐狡猾。

① 那是什麼蟲？

東方眼蟲。一種乳白色、體表有像蚯蚓一樣的橫紋、體長在 6-18mm 之間的一種蟲蟲，他來自果蠅產卵後孵化而成的線蟲。

② 為什麼會有這個蟲？

這種蟲並不是狗狗身體裡面自己長出來的，而是果蠅被眼睛分泌物吸引，飛到狗狗眼睛的眼結膜和瞬膜處產卵導致。但是，並不是只

有狗狗會成為宿主，剛剛說了，「果蠅被眼睛分泌物吸引」，所以貓咪、兔子等寵物，甚至是我們自己，都有可能被感染。而為什麼這種眼睛有蟲的狀況絕大部分都是鄉間狗狗呢？因為感染源是果蠅，而果蠅這種東西最喜歡腐爛的蔬果。鄉間除了有大量種植的果樹、許多人也會在自家庭院栽種蔬菜水果，而果蠅，就是這種鄉間樂趣的附屬品。

沒錯，雙歐生活的花園旁邊是一大片水梨園，那些落果腐爛後，的確會招來許多果蠅，又正值炎炎夏日，果蠅的繁殖更加驚人。原來如此。醫生說，那個夏天他已經處理了很多隻這種狀況的狗狗，生活在鄉間，好像無可避免。檢查過小小歐的狀況後，醫生決定幫他全身麻醉，再慢慢把兩隻眼睛裡為數不少的線蟲一一夾出。1 條、2 條、3 條……最後醫生夾了滿滿一個培養皿數量的蟲蟲，媽啊！都已經那麼嚴重了我竟然沒有發現，這種不應該的疏忽讓我捶胸頓足。

③ 狗狗感染東方眼蟲會怎麼樣？

初期：因為發炎所以眼屎增多並黏稠，眼睛有畏光現象。
中期：眼結膜充血，演變成慢性結膜炎，有時會有濾泡腫大出血。
後期：眼角膜受傷後開始糜爛潰瘍，嚴重還會失明。

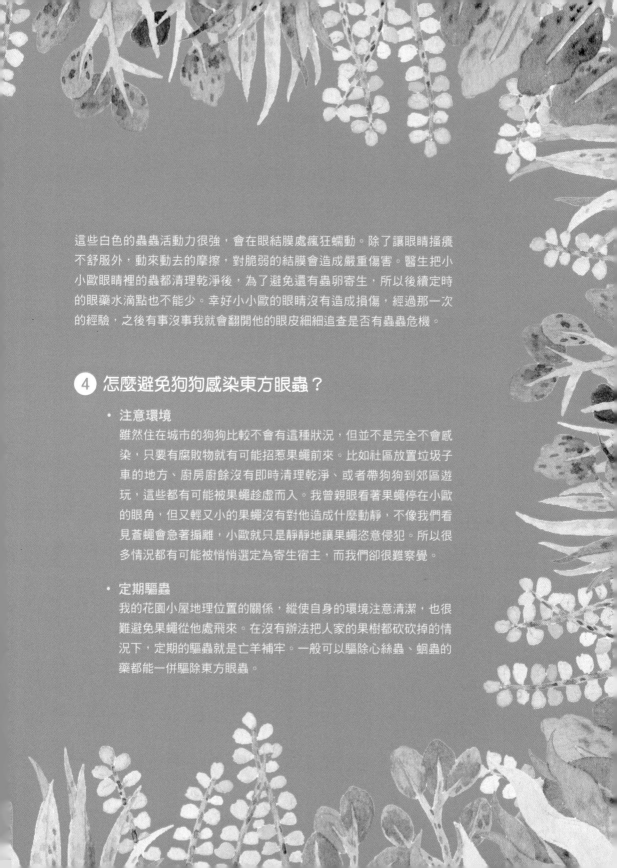

這些白色的蟲蟲活動力很強，會在眼結膜處瘋狂蠕動。除了讓眼睛搔癢不舒服外，動來動去的摩擦，對脆弱的結膜會造成嚴重傷害。醫生把小小歐眼睛裡的蟲都清理乾淨後，為了避免還有蟲卵寄生，所以後續定時的眼藥水滴點也不能少。幸好小小歐的眼睛沒有造成損傷，經過那一次的經驗，之後有事沒事我就會翻開他的眼皮細細追查是否有蟲蟲危機。

④ 怎麼避免狗狗感染東方眼蟲？

- **注意環境**

  雖然住在城市的狗狗比較不會有這種狀況，但並不是完全不會感染，只要有腐敗物就有可能招惹果蠅前來。比如社區放置垃圾子車的地方、廚房廚餘沒有即時清理乾淨、或者帶狗狗到郊區遊玩，這些都有可能被果蠅趁虛而入。我曾親眼看著果蠅停在小歐的眼角，但又輕又小的果蠅沒有對他造成什麼動靜，不像我們看見蒼蠅會急著撲離，小歐就只是靜靜地讓果蠅恣意侵犯。所以很多情況都有可能被悄悄選定為寄生宿主，而我們卻很難察覺。

- **定期驅蟲**

  我的花園小屋地理位置的關係，縱使自身的環境注意清潔，也很難避免果蠅從他處飛來。在沒有辦法把人家的果樹都砍砍掉的情況下，定期的驅蟲就是亡羊補牢。一般可以驅除心絲蟲、蛔蟲的藥都能一併驅除東方眼蟲。

狗狗 那麼難捨

1. 生病狗狗的照護
   I know It's hard ......

2. 高齡狗狗的照護
   I don't want to
   say goodbye

3. 學著跟狗狗說再見
   I'll try

你好嗎？
肚子還會不會痛痛？

從狗狗那麼好懂、狗狗那麼健康到狗狗那麼照顧，這本書寫著寫著也到了尾聲。最後一章的狗狗那麼難捨，讓我停滯了很久、遲遲無法下筆。

每每開啟文件後，坐在工作桌前的我，思緒開始混亂、腦袋慢慢疲憊，然後又默默地把文件關閉。對於要寫出跟狗狗說再見與黑麻糬離去的種種，都讓我如站懸崖邊、驚恐欲墜。一個生命的起始至最終，用文字編織，究竟要從哪裡開始，或是從哪邊著手切入才是最好的？那些一個個小小的文字，又能表達出我心中一簍簍大大的情緒嗎？

看著身旁睡得安穩、整天乖乖陪我工作的小小歐，我知道在麻糬身上遇見的不捨還會再一次發生在他身上。知道一個所愛的夥伴在未來必定離你而去，那種氣餒與灰心，像陰日裡揮不去的霧茫，壟罩一身。

如果你手中也正抱著一隻狗狗在閱讀這本書，我想，你懂的，你一定懂的。

只是怎麼辦呢？我們終究還是要面對，就像我終究還是要把這最後篇章寫完。此時此刻，花園工作室旁的空地正在蓋度假小屋，那群工作的工人們放著咚滋咚滋的舞曲而且歡樂無垠的大聲喧嘩，還搭配像是裝了擴音的電鑽噠噠轟隆聲。不知怎麼地，我忽然覺得平靜，然後一邊流淚、一邊一字一字地開啟了與狗狗說再見的所有。嗯，人生、狗生不就是這樣嗎？在喧鬧雜亂與生命背景音樂中，我們沒能停下腳步、無法選擇時機點，只能隨時跟著時間流淌，面對每個環節帶來的考驗。對摯愛如此，對狗狗也是如此。

黑麻糬走後，約有半年時間，我每天會在小小歐吃飯前，先帶著食物到麻糬墓前跟他說說話，最常問他：你的肚子還會痛痛嗎？東西吃得下了嗎？有什麼事情就來找我好嗎？聽起來很像精神異常，但那其實只是我接受他離開的一個自我療癒過程。然後半年後的某一天，我夢見他——這中間縱使我再怎麼想念，他都不曾在我夢裡出現——在花園裡跟著小小歐快樂地奔跑，最後還回過頭嘿嘿嘿地伸著舌頭對我笑。

之後，我就沒再到墓前依依不捨，因為我知道他好了、我也好了，一個生命在這裡，完整地結束。但思念不死、回憶不滅，黑麻糬還是一直活在我心裡。

1. 生病狗狗的照護
I know It's hard……

就像上一章節與你們說的，每種疾病都有該疾病必須接受的專業醫療與照顧，不論是飲食上、環境上或是作息上，不同的疾病都會有不同的照顧衍生，絕對不能一概而論。所以在這裡，我也不針對特定疾病做照護介紹，同樣的，我會以大方向去整理 3 種狗狗生病過後，該怎麼著手照顧的方式。

但在著手開始狗狗的生病照護之前，有些事情，我們需要先對自己進行心理建設──或說心理養護──幫助自己與狗狗一步一步走下去。

照顧生病的狗狗，真的很累，真的。

那種累，不是身體上的，而是沉沉的心理疲累。試想，若自己的孩子生病了又無法表達苦痛，我們會有多無助，面對病犬，大概就是那樣的心情。有些狗狗生病後很快就離開，當然措手不及的打擊讓人難以承受，但不得不說，這樣的方式其實對人、對狗並不是一件壞事；有些重症狗狗，一年、兩年地拖著，有時好、有時壞，但就是不見起色，那種身陷囹圄的痛苦，絕對遠遠超乎你的想像。

當你決定養他的當下，你就該想到，就算千百個不願意，未來還是有很大的可能必須面對狗狗的疾病生活。你不能一溜煙逃走，更不能棄他於不顧，唯一能做的，就是打起精神、負起責任，因為他把一生都交給你了啊。

但你的累，我懂。在照顧麻糬的過程中，沒有人告訴我應該怎麼做，當時候，很多猶豫與掙扎，讓我現在回想起來都覺得太過紛亂，對我、對麻糬都不好。所以，有 3 件事情，我覺得你可以冷靜地先想想，或者，也能在照顧的過程中反覆拿出來檢視，然後才能更強大地繼續陪狗狗走下去。

● 衷於自己、衷於狗狗

當狗狗生病時，你的身邊會有很多耳語出現，可能來自家人朋友的意見、可能來自獸醫師的建議、可能來自網路資料的查詢，這個建議這樣、那個建議那樣……已經心慌意亂的你只會更沒有頭緒。我真心希望，你能先把所有耳語阻擋在外，專心把焦點放在自己狗狗身上。最了解他的人就是你自己，先想想自己的狗狗是什麼個性？他平常的喜好怎麼樣？他適合別人說的那種意見嗎？比如，同樣是胰臟炎，有些狗狗會去住院治療、還成功治癒了，你可能就會也想把狗狗送去住院。但像從沒離開過家且對獸醫院極度抗拒的黑麻糬，他的個性就完全不適合住院，那只會讓他的情況更糟。每隻狗狗適合的照護方式都不同，請選擇一個對你家狗狗好、對你也好的照護方式。

● 善待自己、善待狗狗

我懂，狗狗生病時我們就是無所不用其極的希望他康復。一下餵藥、一下拿營養品給他吃、一下抱起來摸摸、一下噓寒問暖，狗狗沒先被你煩死、你也會先累死自己。生病的期程，我們永遠不知道究竟會延續多長時間，保留體力——不管是你的還是他的——絕對是必須事項。給自己與狗狗分量與質量都足夠的休息時間，才能有體力去對抗疾病。不要覺得狗狗生病了我一定要「顧條條」，緊迫盯人的後遺症很大，除了會讓狗狗更加緊張外，長期下來神經緊繃的你，很容易過勞憂鬱。

● 坦率面對所有事實

事實的面向很多，包括狗狗病情的輕重、你的經濟能力、時間問題與你能決定的生死去留。狗狗生病後——這裡我們都先以重症來討論——直接面對的問題就是還有沒有救？如果有救，那勢必會花費你許多金錢，你有足夠的能力嗎？縱使足夠，你有時間好好照顧他嗎？如果病情不樂觀，你有足夠強大的心理素質去選擇放手嗎？這裡的放手分為自然與人為——是的，你也能夠選擇主動安樂死（需要經過獸醫師評估與同意），你有這樣的勇氣與摯愛說再見嗎？事實都很殘酷，但再怎麼殘酷，也需要你坦率去面對。比如若經濟能力真的不足以支應龐大的醫療費用，那你是否就坦率地選擇讓狗狗回歸自然、交給老天？比如狗狗真的已經回天乏術，你的過度照護只是讓他一天拖過一天，那你是否坦率的選擇幫助他安樂死、讓他盡早脫離苦痛？面對疾病，最怕自欺欺人，學習坦率面對所有，才是對你與狗狗最好的方式。

生病一個月

黑麻糬被診斷出胰臟炎後，醫生只開了消炎止痛的藥給他——還記得胰臟炎的章節有說嗎？胰臟炎沒有專門的治療藥物，只能對症治療。很神奇的，藥才吃了 2 天，可能肚子忽然不痛了、無事一身輕，麻糬整個恢復往日風采、精神奕奕，不只食物都吃光光、便便量多、光澤、形狀佳，還開始卯起來找小小歐的麻煩。

過去我看見黑麻糬騎跨小小歐時，都會雙眼冒火、極力阻止。但這一次，看著麻糬恢復活力、努力欺負小歐的樣子，我竟然眼框濕潤、備感欣慰，心裡想著，就盡情地亂七八糟、為所欲為吧……

只是，這樣的亂七八糟、為所欲為沒能持續多久。

黑麻糬又開始食慾不振了。一開始碗裡剩下一些些殘渣，然後被剩下的食物隨著日子越來越多、越來越多，直到完封不動。怎麼會這樣？藥也持續在吃啊？扯出我最驚恐感覺的，是一天早上，麻糬在草地上大出了一條小小的、黑黑的、軟爛爛的便便。然後我只能又帶著黑麻糬回到他最痛恨的獸醫院。

再一次的經過觸診、聽診、問診，血液檢查以及再一個小小的、白色的快篩試片後，醫生告訴我，黑麻糬胰臟炎又復發了，不只如此，還在他的腹部、肝臟那位置，摸到一顆腫瘤。

喔，腫瘤啊，腫瘤嗎？聽起來輕飄飄但又沉甸甸的，我不知道該做何反應。

現在想起來，那天早上那條深深印在我眼睛殘餘影像中的小小、黑黑、爛爛的便便，像是一個死亡信使的記號，丟出來後，就只能一步一步往死裡走、逃脫不了。

手術照護

手術，不論輕重，都絕對是一件大事。即使現在的醫療系統很發達，但從手術一開始的麻醉、手術進行中途身體機能的運轉、手術後併發症出現的可能，這些手術流程中的每個環節，都有一定的風險存在。尤其是做重大手術治療的狗狗——如骨骼手術、腫瘤摘除手術等，更需要你在術前術後，每個階段中細細的照護。

有一些微小的環節，在你心急如焚的狀態下可能會被忽略，請試著冷靜檢視一下：

手術之前應該做好的事：

1. 已做充分諮詢與檢查了嗎？

   手術之前有任何問題都請不要害羞，盡量與醫生充分討論，並且讓醫生知道狗狗過去曾經有過什麼病史或狀況，比如過敏、呼吸困難等。全身麻醉與動刀有絕對的風險，提前先做血液、身體與心臟的基礎檢查，確保狗狗身體狀況足以支撐手術過程。

2. 交通工具？

   你如何帶狗狗到醫院去？手術之後怎麼帶狗狗回家？如果自行開車，先在車裡準備一個舒適的軟墊讓狗狗減緩不適。如果沒有交通工具，那可以先與寵物計程車聯絡或是準備一個舒適的狗籠，才能帶狗狗搭乘大眾運輸工具。

3. 狗狗要住院嗎？

   若狗狗術後需要住院，請事先準備一條他熟悉的小軟被或是有你味道的衣服、坐墊等，讓他在獸醫院過夜時能有熟悉的安心感。若不需要住院，這條小軟被也可以讓你包著狗狗回家，他在心情上可以比較舒緩。

4. 家中環境打理好了嗎？

   狗狗出院返家後，在哪裡休息？在家中準備一個乾爽、舒適的小窩，讓他可以好好靜養。若有其他寵物，記得做好隔離，不要讓他們打鬧起來。

5. 開刀前的營養補充與便便？

手術之後，狗狗需要足夠的能量來恢復體力。在手術前一周幫狗狗多充營養，並確保他們都有好好排便，尤其在手術前一晚，再帶狗狗外出排泄一次，淨空肚子。

6. 開刀前有確切做到禁水禁食嗎？

禁水禁食的目的是為了避免手術過程因為麻醉引起的生理性噁心、反嘔，而被胃中沒有消化的食物噎到而窒息。多久之前應該禁水禁食，這需要你與獸醫師確認，有些是手術前 12 小時開始，有些則是手術當天。像黑麻糬這樣會偷偷跑去喝馬桶水的傢伙，請特別留意把馬桶蓋或廁所門緊閉。狗狗究竟有沒有偷吃東西，請不要鬧著玩，縱使手術時間已經確定，但狗狗還是吃了食物，請務必老實跟獸醫師討論，評估是不是需要更改手術時間。

手術順利完成後，一般傷口都能在 7 ～ 12 天內癒合，但特殊的情況也可能延長至 2 週以上、甚至幾個月的時間。在傷口癒合的這個時期，狗狗也可能會出現術後的併發症，如細菌感染、低溫休克、嘔吐窒息等。因此會非常需要你耐心的照料，所以請確定這期間狗狗是可以得到良好看照的──不管是你或家人或獸醫院。

手術之後應該注意的事：

1. 手術當天到當晚，你能一直陪在身邊嗎？

麻醉清醒後，狗狗第一眼如果可以看到熟悉的你，我想會安定不少。手術當晚，通常都會比較不舒服，有你能陪在身邊、摸摸拍拍他，他才不會以為自己被丟掉了。

2. 麻醉清醒後口乾舌燥，能喝水嗎？

狗狗醒來後，可以試著一點一點的提供水分，會讓口乾舌燥的他比較舒服。有些狗狗會因為麻醉未退而反胃嘔吐，那請先緩緩，直到他不會嘔吐為止再供水。

3. 什麼時候開始進食？

當狗狗喝水也不會反胃時，就可以少量給予。這時期請以好消化的食物，少量多餐餵食。不過特別注意，若是腸胃道手術，通常會需要再繼續禁水禁食一段時間，這請與獸醫師事先做好確認。

4. 手術後要不要吃藥？

手術之後，醫生會依據疾病的種類開設藥物，請一定要按照醫生處方按時餵食，尤其是預防傷口感染的抗生素，若是必須的，就要想辦法讓狗狗吃下去。如果狗狗術後吃東西的狀況不佳，那也可以考慮將藥物搗碎和水，用針筒餵食。

5. 羞恥圈戴上了沒？

挑一個漂亮的羞恥圈幫狗狗戴上，不要讓他舔舐傷口。這期間也請注意不要讓傷口碰水、暫停洗澡，若狗狗身體因為嘔吐物弄髒，用濕毛巾輕輕擦拭身體就好。

6. 狗狗尿尿了嗎？

請你細心觀察，狗狗在手術後 12 小時內有沒有順利排尿？若有，代表腎功能是正常的，身體也無大礙。若遲遲沒有排尿，請盡快帶他回診檢查。

7. 要不要讓他冷靜一下？

若狗狗手術之後，瞬間恢復往日活力而碰碰跳跳，不要忙著開心，因為傷口很可能會裂開或二度傷害。對於活潑好動的狗狗，盡可能暫時用籠子或是繫繩限制他的活動，讓他保持冷靜。如果有必要，醫生也可以提供鎮定藥物，讓狗狗安靜療養傷口。

8. 你有時間密切觀察嗎？

除了觀察是否有術後併發症外，這時期也需要你持續地觀察狗狗的呼吸、體溫、食慾、排便及精神狀況等。以及傷口有沒有流膿流血？有沒有過敏腫脹？如果手術後 5 天的觀察期，你真的沒辦法隨侍在側，那請考慮是不是讓他留在獸醫院，由醫生護士接續診療。但前提是，你的狗狗可以安心地住在醫院裡，不然太可憐了。

9. 狗狗補充營養了嗎？

這時期狗狗需要足夠的營養修復身體傷口，考慮到必須是好消化的食物，前期可以用寶寶食品少量多餐代替，約 3 ～ 5 日後，再用泡軟的飼料加上調理機打碎的肉類一起餵食，良好的蛋白質不但能幫助傷口癒合，也可以快速的補足營養流失。那什麼時候才能恢復正常飲食呢？一般會以「拆線」作為分界點，所以記好醫生告訴你的拆線時間，準時回診。同時也能請醫生檢查狗狗的身體狀況，若傷口及身體機能都已無大礙，就能恢復往日的飲食習慣了。

手術後的營養補充

不論是大是小的手術，都會讓狗狗元氣大傷，手術後的營養補充就要靠你幫狗狗料理。有些觀念認為，手術過後應該隔絕所有發物——發物是中醫的說法，也就是容易過敏的食物，如辛辣物、海鮮、牛羊肉等。但其實養狗狗的我們都有基本概念，辛辣物及海鮮是本來就不會給狗狗吃的，那麼牛羊肉呢？你的狗狗吃牛羊肉會過敏嗎？這才是最關鍵的問題，很多飼料與罐罐的原料都有牛肉、羊肉的成分，如果你的狗狗會過敏，照理說你應該早就知道。所以，在一般正常情況下，手術後補充牛羊肉這類高蛋白食物，對傷口癒合與體力恢復是很好的。狗狗恢復正常飲食後，還能補充那些食物呢？

☑ 牛肉、魚肉

身體內所有的新陳代謝都需要蛋白質的參與，手術後的內外傷口，要經過一次完整的代謝才能順利新生皮膚，蛋白質的角色是關鍵。有些觀念認為手術後應該吃些稀飯、湯水這樣的清淡食物，卻忽略狗狗這時其實最需要肉肉來幫助傷口修復。選用新鮮的牛肉、魚肉，打成泥狀或熬煮成肉湯這類好消化的樣態，會是手術後的最佳營養補充。

☑ 雞蛋

有些狗狗手術之後，因為身體不舒服會對吃東西興趣缺缺，可以試著用雞蛋來逆轉。大部分的狗狗對蛋黃的味道都魂牽夢縈、非常喜歡，但我說的是熟雞蛋，也是因為我都是用熟雞蛋料理，所以知道狗狗的瘋狂。至於生雞蛋，我想在這時期是不適合的，擔心蛋殼上的沙門桿菌反而造成狗狗二次傷害。

☑ 紅蘿蔔

紅蘿蔔中富含 β-胡蘿蔔素，在體內轉換為維生素 A 之後，可以幫助修復黏膜細胞，對傷口癒合很有益處。但紅蘿蔔的青菜味比較重，我會將它切得細細碎碎、用平底鍋乾煎至微微焦，此時的香氣已經很濃厚，再加上雞蛋與碎肉丁一起拌炒，這時你一回頭就會發現狗狗已經在腳邊了，完全抵擋不了這樣的極品美味。

生病兩個月

「他到底是因為肝臟腫瘤而吃不下東西，還是因為胰臟炎，這我們很難說，但兩者都會有影響。如果要進一步知道腫瘤是良性還是惡性，要帶馬幾（麻糬）去大一點的醫院開刀切片才能知道。妳現在想怎麼做？」

醫生又問我想怎麼做了。我，我不知道。

帶麻糬回家後，我坐在花園裡，一直一直反覆的問著自己現在應該怎麼做比較好？左耳出現一句意見、右耳聽到一聲假設，左左右右的，心裡比黑麻糬對小小歐的騎跨更亂七八糟。

黑麻糬從小就不曾離開家裡，要到外縣市的大醫院治療，勢必要住院，他行嗎……
平常就夠痛恨獸醫院了，如果我不能整天陪著他，他身心靈的受創不會更大嗎……
他年紀已經那麼大，不管腫瘤是良性還是惡性都必須要開刀才能知道，承受得了嗎……
開刀之後如果是良性，他還是一樣要面對胰臟炎的挑戰……
開刀之後如果是惡性，他有足夠的體力去做化療嗎……
縱使治療痊癒，已經那麼高齡的他，還能活多久……
在他最後的狗生裡，要用獸醫院、手術、化療來填滿嗎……

幾經衡量，我傾向與過去 5 隻狗狗一樣，天生天養，讓麻糬在他熟悉的環境與人事物裡，至少安心的與疾病共處、與命運磨合。但這樣的決定出來後，左右耳又出現許多的聲音：如果去治療就痊癒了呢？如果他挺過手術呢？如果……如果……又如果……

那些掙扎與拉扯，每一個都弄得我血淋淋的，很痛。

如果，有奇蹟呢？

✡ 癌症照護

在黑麻糬身上發現的肝臟腫瘤，一直沒能確定到底是良性還是惡性，但我想，惡性的機率是很大的。雖然我沒有經歷麻糬惡性腫瘤的整個治療與照護過程，但以台灣統計，每年有 30% 左右的狗狗死於癌症，且這個比率逐年在增加，因此你們可能遇到的機會也是滿大的。癌症好發在開始衰老或健康惡化的情況下，若在狗狗年輕時發病，當然積極治療一定會優於我選擇的支持療法，所以我還是想要跟你們聊聊癌症的照護——也就是這樣這也想說、那也想說，讓這本書的頁數比預期的增加好多。

狗狗身上常見的癌症

- 淋巴癌：狗狗的惡性腫瘤中，有 10 ～ 25% 屬於淋巴癌。
- 乳腺癌：容易出現在沒有盡早結紮的母犬身上。
- 肥大細胞腫瘤：皮膚癌的一種，好發年齡平均在 8 ～ 10 歲時。
- 黑色素瘤：好發在狗狗頰部黏膜、唇部黏膜及齒齦部位。轉移率很高。
- 骨肉瘤：常發生在大型犬，像是拉不拉多、黃金獵犬等。

狗狗罹癌的症狀

怎麼辦？這個好難跟你們明白地說清楚喔。我們當然都希望可以有一個顯而易見的症狀讓我們可以及早帶狗狗去治療，但癌症的種類非常多，它所侵犯的部位也會有該部位呈現的不同症狀。比如：罹患肺癌的狗狗可能會有咳嗽、呼吸不順的症狀；罹患腦癌，則會出現癲癇、行為異常；罹患肥大細胞瘤，皮膚會出現像過敏一樣的紅疹、發炎腫塊；罹患淋巴癌的淋巴結會腫脹……我們很難把所有癌症的早期症狀一一列出，而且最糟糕的是，這些初期症狀，其實就跟許多狗狗平時會出現的呼吸道疾病、過敏症狀相同。如果真的要說，我覺得應該就是體重減輕吧。黑麻糬那時候瘦到肋骨清晰可見，如果你的狗狗有任何「與平常不同」的症狀並體重減輕，請帶他到獸醫院做詳細檢查，才能精確判斷是否是惡性腫瘤。

狗狗癌症的治療方式：

在這裡，我們要先認識 2 個名詞：

(1) 治療：想辦法扭轉這個疾病的病因，利用手術、化療等方式延緩惡化或移轉。

(2) 治癒：想辦法徹底移除這個疾病，簡單來說，就是：完全治好。

很讓人傷心的，狗狗發生癌症之後，大部分只能治療，只有鮮少一部分可以治癒。所以你會在獸醫院看見一些海報標語寫著：抑制腫瘤，讓狗狗陪你更長更久。對於狗狗腫瘤，我們幾乎只能盡心盡力地「抑制」它。因此請要有心理準備，一旦狗狗罹患癌症，我們有很大的機率必須面對他的死亡。

☑ 外科手術

是最常見的治療方式，把腫瘤本身或是被它波及的部位切除。外科手術對於初期癌症的治療效果最好，但當狗狗被發現罹癌時，很多時候已經有一定的惡性、甚至已擴散開來，所以經過外科手術之後，或許還需要合併化療或放射性治療。

☑ 化療或放射性治療

化療，就是使用藥物來對抗腫瘤。但一聽到化療，我們就會想到人類癌症中的化療副作用，是多麼讓人驚恐。不過化療運用在狗狗身上的劑量通常都比較低，幾乎不太會引起嚴重的副作用，也不太會掉毛，因此不用過度擔心。放射性療法目前還不是非常普遍，需要到大型的動物醫院才有提供這個治療。

☑ 支持療法

在胰臟炎的章節有稍微提到支持療法。支持療法的目的不在於治療疾病本身，而是利用輔助的辦法——如藥物、食物與環境——盡可能減輕狗狗疼痛、降低最大量的不適、維持較舒服的生活品質，讓狗狗以自身的免疫力去對抗疾病。對於麻糬，在評估了一千萬遍各種情況後，我選擇這個方法讓他度過後來的生命時光。當然，經過外科手術與化療的體能削弱後，也需要支持療法來強化身體健康，狗狗才能有足夠的養分提升免疫力，繼續對抗疾病。最簡單的方式，就是從食物中補足。

癌症治療中的營養補充

每一種癌症的營養需求都不同，需要依據狗狗的病情、體質與當時候的身體狀況來設計正確的飲食。你們可以與獸醫師討論，是不是要給狗狗特殊的食物需求，若沒有，大部分獸醫師會建議直接餵食營養已經調配均衡的飼料，然後額外補充一些蛋白質或良好的食物油脂即可。不論是什麼樣的食物，我們的目的都在於幫助狗狗修復受損的組織、提高抵抗力並且新生良好的細胞。所以有一些大方向的食物提醒可以給你們參考，試著在飼料之外，少量多餐的幫狗狗做些營養鮮食：

☑ 優質蛋白質

蛋白質對於提升體力與免疫力有很好的效果，但為了避免過多的脂肪，癌症治療過後的狗狗，盡量選擇優質蛋白質來補充營養，像是魚肉、精實瘦肉、雞蛋與豆類。其中，深海魚，如鮭魚、鮪魚、鯖魚等，富含 Omega-3 脂肪酸，可以降低發炎反應並且減少腫瘤的移轉，對狗狗身體修復很有幫助。

☑ 維生素與礦物質

維他命 A、C、E 具有抗氧化效果；類胡蘿蔔素與十字花科蔬菜含有多種抗癌成分。維生素與礦物質富含在蔬果裡頭，可以選擇容易取得的青花菜、南瓜、波菜等。但剛剛手術過後的狗狗，需要低渣飲食，不太適合難消化的高纖維蔬菜。可以在狗狗傷口康復後，將蔬菜切得細細碎碎的、少量混和進正餐食物裡面做補充。

☑ 醣類食物

包括五穀根莖類、燕麥、糙米等。這些食物中富含維生素 B1、B2 及鎂等微量元素，有抑制腫瘤的作用。但同樣注意避免給剛剛手術過後的狗狗食用。

其實最簡單的原則，就是多樣化的攝取各類食物——前提是狗狗可以吃的各類食物。每種食物都有它所含的營養素，對身體都有一定的幫助。每餐中加入不同味道與口感的食材，也能增加病中狗狗的食欲。如果過去狗狗老是喜歡吃人類食物，請改掉這個習慣，飲食，也是癌症發生的眾多原因之一，我們要好好注意。

癱瘓照護

癱瘓是指，支配運動的神經與肌肉，因為某種原因而導致功能降低或喪失。癱瘓？你會想，這冷僻的狀況有可能出現在我的狗狗身上嗎？事實上，狗狗遇上「癱瘓」的狀況還真的不少見。有可能是嚴重的車禍、重大的疾病引起，但也有可能因為運動施力不當，造成栓塞而癱瘓。還記得關節護理的章節，有說到長期後腳站立的狗狗也很可能因為椎間盤脫出而導致癱瘓嗎？所以狗狗癱瘓的發生，並不是遙不可及。癱瘓不一定是全身性，在狗狗身上，大部分出現在後肢癱瘓。黑麻糬在生命即將消逝之前，也是從兩隻後腳開始不聽使喚，當時的我，以為那樣的狀況會持續好一陣子，心裡已經做好長期抗戰的準備，但，該說是黑麻糬貼心嗎？癱瘓的情況只持續短短幾個小時，原來，那是生命的流逝，從後到前、從輕到重、從掙扎到無聲，一下子就流逝殆盡。

容易有脊椎問題的品種犬

臘腸犬、法國鬥牛犬、貴賓犬、小型雪納瑞等。

尤其臘腸犬，基因中很容易出現軟骨發育不全的狀況，因此是所有品種犬中最容易發生癱瘓的犬種。而長毛臘腸犬，是因椎間盤突出而導致癱瘓的第一名高危險群。除了品種基因的關係，造成狗狗癱瘓的原因，還有：

1. 疾病引起

像是剛剛說的椎間盤突出、頸椎問題、脊椎腫瘤、脊髓纖維軟骨栓塞等，都會造成狗狗癱瘓。但這些並不是「有天生基因缺陷的品種犬才會發生的疾病」，所有狗狗都有可能出現，曾有案例是，一隻米克斯因為在外偷偷亂吃東西，主人焦急之下，過度用力拉扯，導致瞬間的後肢癱瘓。這就是前面說的，有時候一個瞬間的激烈動作或扭力就很可能造成可怕的不良影響。不過好消息是，若是因為疾病引起的癱瘓，在黃金時間內、經過治療或手術後，可以有很大的復原機率，雖然治療期間可短可長，但至少看得見希望。

2. 外力引起

　　車禍、用力碰撞等外力引起的神經、脊椎或肌肉損傷，甚至腦部受損而引發癱瘓。車禍是造成狗狗癱瘓的原因第 2 名，有時是因為撞擊而內傷，有時是因為撞擊而必須截肢，所以拜託了，過馬路時請特別注意不要讓狗狗橫衝直撞，也請不要讓狗狗追著你的車或摩托車奔跑，那樣的行為真的很討厭。

3. 中毒引起

　　有些毒素會損害狗狗的腦部神經，像是老鼠藥、農藥或是食物中毒等。輕的，肌肉漸漸無力；重的，會引發器官壞死而全面癱瘓。這種情況好像比較容易出現在鄉間，如果你也跟我一樣生活在好山好水的地方或是常常帶狗狗去露營、郊遊，請緊盯不要讓他亂吃地上的不明食物。世界上就是有一群壞心腸的人會想藉此毒死狗狗。

狗狗癱瘓的分級參考

如果狗狗不幸出現癱瘓症狀，可以先簡單的依據癱瘓分級來評估治療的方法與可能性，飼主也可以藉此知道，狗狗未來復原的機率大概有多少，但後續的詳細診斷仍不能少。

	情況	大小便自主	深層痛覺	
一級	還可以行走，但感覺有困難	還可以	有	高
二級	走路出現不穩、搖搖晃晃	還可以	有	復原機會
三級	站不起來，但後腳還可稍微活動	還可以	有	
四級	後腳無法活動，但還有深層痛覺	失禁	有	
五級	癱瘓，後腳無深層痛覺反應	失禁	沒有	低

不同等級的癱瘓，會有不同的治療方式。而另一個重要的問題，是先對造成癱瘓的原因進行治療，比如因為腫瘤壓迫而引起的神經問題，那就要先手術摘除腫瘤；因為車禍或外力早受損傷，則需要先修復傷處；若是中毒引發癱瘓，那首要之務就是先解毒。所以狗狗為什麼癱瘓，你要先知道發生的因，才能有後續治療的果。無論如何，不管是什麼原因，只要不是對狗狗造成無法挽回的損害，都請不要放棄希望。現在除了西醫的治療方式，也有不少人選擇中獸醫針灸與中藥調養，後面會跟你們說說我朋友的親身經歷。

狗狗癱瘓後怎麼照顧呢？

治療過後，即使狗狗沒有立刻站起來，但經過你的復健協助與生活護理，未來還是有很大的復原機會。縱使縱使最壞的情況是醫生宣布狗狗從此後肢或四肢癱瘓，你還是必須著手後續照顧，讓狗狗有尊嚴且快樂的活著──狗狗很樂觀，有你的陪伴絕對不會自怨自艾。請不要讓狗狗孤單的一直躺在那裡，於理於心於情，都不該如此不人道。

☑ 按摩與熱敷

對癱瘓的肢體進行按摩與熱敷，幫助血液循環與新陳代謝，可以防止或延緩肌肉萎縮。但每隻狗狗發生癱瘓的原因都不同，請先跟獸醫師確認可以按摩與熱敷的部位。盡可能避開關節與骨頭的地方，在肌肉處，每天 2 ～ 3 次、每次 10 ～ 15 分鐘輕輕按壓。也可以幫狗狗拉拉腳腳、伸展縮放，避免關節硬化。

☑ 協助站立與行走

一開始可以在小凳子上放一塊軟墊或小枕頭，再把狗狗放上去，以腹部貼住凳子、四肢自然垂下、剛好讓他可以站在地板上的高度為基準，慢慢讓狗狗習慣站著的感覺。如果狗狗似乎有力氣自行站立後，可以用你的雙手托住他的腹部，幫助狗狗站起來，然後一步一步鼓勵他學習行走。

☑ 清潔與翻身

無法行動自如的狗狗，最怕出現褥瘡，尤其是大型犬，容易因為固定姿勢不動而造皮膚潰爛。後肢癱瘓的狗狗大部分還會大小便失禁，如果沒有及時清潔身體，一旦傷口有細菌感染，很可能因為敗血症喪命。不要讓狗狗總是保持同一個姿勢，定時幫他翻翻身、伸展四肢，只要一大小便就趕快擦拭乾淨並吹乾皮膚──不要幫狗狗包尿布，不透氣的尿布很容易有皮膚問題。悶熱的夏天，可以把床墊改成架高木條的隔板──有點像是沒有舖床墊的嬰兒床那樣，透氣性比較高且柔軟，也能減少長期壓迫而有褥瘡。生命力強的狗狗，在後肢癱瘓後，還會利用前腳拖行後腳來活動，但若是身軀、四隻癱瘓的話，就真的必須仰賴你的協助。老話一句，拜託，不要讓他一直躺在那。

☑ 曬曬太陽、看看世界

在安全為前提的外出下，對狗狗來說絕對百利而無一害，不要因為狗狗不能動就整天把他晾在家裡。盡可能比照往常，用台嬰兒車，定時帶他外出透透氣、曬曬太陽。在大自然中進行站立與行走訓練，除了陽光中的維生素 D 可以強化骨殼外，有外界的刺激與新鮮空氣的安撫，對復健有很大幫助。現在也有許多款式的狗狗輪椅的可以選購，價格並不會太高，基本一點的幾千元就能入手。挑一款送給狗狗，當他發現自己還可以行動自如的奔跑，那種愉悅與興奮是最大的希望感。

☑ 注意大小便是否正常

癱瘓狗狗如果大小便還能失禁，其實算是一件好事。許多部分或全面癱瘓的狗狗，是無法自行排尿的，真的很可憐。這樣的情況，在經過獸醫師的諮詢與指導後，可以由你學習自行在家裡幫狗狗下腹腔擠尿，每天最少最少以 2 次為原則。公狗因為尿道較長，不容易擠，就需帶他到獸醫院進行導尿。便便的話通常會自行排出，但也要注意有沒有排出與吃下去等量的便便。

☑ 好消化的飲食與足量的飲水

腸胃機能因為長時間的不動而變得緩慢、遲鈍，消化能力也跟著變弱。癱瘓狗狗的食物必須以好入口、好消化為原則。如果為了防止便秘而在食物中增加高纖維食物，調理時記得一定要切碎悶軟。水分也是，全面癱瘓的狗狗無法自行喝水，請用滴管或針筒——沒有針的針筒——協助他攝取水分。

真的，照顧癱瘓狗狗一定極度辛苦。但對無法行走的他自己來說，那種無助與愧疚的痛，可能不會比你來得少。我們對狗狗的各種照顧，最終目的雖然是希望他能痊癒康復，但最最重要的是，從各種不放棄的舉動中，激發出狗狗自身的求生慾望。有了求生慾望，萬事皆有轉機。如果你的狗狗真的遇到了，請相信你絕對不孤單，有很多正努力著走出困境的人與狗都陪伴著你，不要放棄、不要絕望，這段心路歷程也能走出愉悅與力量。

腸腸的針灸治療

脊椎疾病好發的犬種不少，但臘腸犬發生的機率是其他狗狗的 10 ～ 12 倍，如果你的狗狗是腸腸，請一定要做好可能遇上癱瘓的心理準備。除了西醫治療，也可以參考中獸醫針灸與中藥調理，有過很多成功的案例。

- 發生癱瘓的腸腸：郭小虎
- 發生年齡：6 歲
- 發生狀況：某一天晚上，一直坐在沙發邊，動也不動
- 治療方式：針灸 + 中藥，療程 3 次

我朋友的狗狗是一隻咖啡色毛髮的可愛腸腸，有一天也是忽然無預警的突發後腳癱瘓。在經過獸醫院一連串的驗血、超音波及 X 光檢查後，發現有兩節脊椎異常密合，醫生建議要開刀。但朋友因為不捨狗狗動刀，所以尋覓了有中獸醫科的獸醫院進行針灸治療。經過醫生在小虎背上沿著脊椎一節一節的觸診並比對 X 光片後，發現小虎在胸腰椎的地方出現異常，且癱瘓的狀況已經持續 3 ～ 4 日，醫生認為是緊急情況，當下馬上幫小虎施針並搭配中藥調理。在經過 3 次療程之後，不到一個月時間，小虎奇蹟般的痊癒了，又開始碰跳！朋友覺得神奇，我也是。除了西醫，中醫在狗狗的脊椎疾病治療上已經有很長的歷史，從三千年前的西周時代便有文獻紀載。這樣的治療方式，也給你們做參考。最重要的，請不要輕易放棄任何希望。

關於腸腸的椎間盤疾病：

好發年齡：6 ～ 8 歲

好發部位：第 11 胸椎至第 2 腰椎

施針部位：三里、後伏兔、陽陵泉、環跳、風市、秩邊、崑崙、委中、三焦俞、腎俞、腰百會等穴位。

中藥成分：黃耆、當歸尾、赤芍、地龍、川芎、桃仁、紅花等。主攻補氣、活血、通絡。

倒數一星期

這幾日，麻糬一直持續的睡著。小小歐好像知道什麼一樣，只是靜靜的在一旁陪著他，不吵也不鬧。在掙扎與拉扯下，我最後選擇支持療法——胰臟炎就用消炎止痛藥、持續嘔吐就用止吐藥、吃不下東西就用促進食慾藥、漸漸消瘦就用營養補充劑。麻糬雖然精神不好，但每天還是可以跟著我外出、短暫地走走。

12月初的天氣冷冷的，幸好陽光依舊。沒能吃多少東西的麻糬，一天比一天瘦，背脊與肋骨清晰可見，以前最愛翻肚子給我摸摸的他，因為突出的骨頭已經無力翻身。我找了幾件舊毛衣裁剪成適合的大小與形狀，幫他穿上，然後發現，麻糬的腹部從左右兩邊往外鼓出、肚子渾圓、發脹。

在經過檢查後，是那個腫瘤，是它搞的鬼。肝腫瘤讓麻糬出現腹水、皮膚也開始泛黃，醫生用我幾乎聽不到的聲音說了一句：糟糕。我抱著麻糬，幾個字梗在喉間，終於努力吐出來問了醫生：「現在治療腫瘤來得及嗎？」醫生用苦笑回應我。我知道，那是一個純粹不甘心卻又愚蠢至極的問題。回家後，在麻糬的支持療法藥物中又多了一款利尿劑。

天氣越來越冷，花園空氣冰冰的，我整個人也很配合地上下冷冽著。

我心裡期盼的奇蹟沒有出現，麻糬的情況很糟。無法進食的他只能用針筒灌食，一管藥、一管流質食物，兩管在我手裡、在他眼裡都害怕的發顫。嘔吐的情況也不見好轉，甚至幾次還吐到幾乎暈厥。而精神狀況，應該在谷底了吧，有陽光的時候，他一直一直睡；陽光躲進雲裡時，他一直一直抖，就更別說跟我外出走走了。對於我的呼喚，他會抬起頭，用空洞的眼神看著我；對於我的眼淚，他低下頭，用呆滯的表情回應我。

我每天晚上睡覺前，會跟他說要等我喔，每天一早睜開眼睛時，會開始慌亂地尋找他的身影。於他於我，這些日子都辛苦的活著。

老天，如果他真的無法痊癒，就帶他走吧，剩下的悲傷，我自己承擔。

2. 高齡狗狗的照護
I don't want to say goodbye

走過了意外、走過了疾病、走過了七上八下的治療，最終，我們還是得面對狗狗的老去。狗狗在 7～9 歲開始會慢慢出現老化現象，大型犬又會比小型犬更快進入高齡階段。最可惡的是，就算狗狗已經年邁，但那張臉蛋跟傻里傻氣的行為，依舊還是讓人覺得是個北鼻小可愛，叫我們怎麼能坦然接受他已經是身體機能都老化並接近終期的生命呢？我也一直一直沒有把精力旺盛的黑麻糬當成老狗對待，但後期那種急轉直下的快速老去簡直讓我難以招架。有時我會想著，如果我能提早幾年好好正視麻糬已經是個「老人」的這件事，是不是可以避免他身體狀態的惡化、然後好多陪我一些日子？

不要像我這樣終日惶惶懊悔，如果你的狗狗已經到了高齡階段，請試著接受事實並改變他的生活型態，讓他可以快樂無痛的慢慢老去。

狗狗進入高齡的表徵可能會出現：

☑ 身體表徵
- 下巴及眼周的毛髮會率先轉白，身體毛髮失去光澤且乾燥。
- 眼珠子漸漸混濁、灰白。
- 口腔味道開始變差，牙齒鬆動甚至脫落。
- 聽力衰退，對於你的呼叫沒有像過去如此敏捷、機靈。
- 可能因營養吸收不良而變瘦，或因代謝緩慢而變胖。

☑ 行為表徵
- 變懶、嗜睡、反應差，有時對著同一方向呆滯、放空。
- 行走變慢或因為關節退化而出現走路卡卡的感覺。
- 食慾變差，太硬的食物或零食都吃得困難。
- 日夜溫差大或季節變換就出現咳嗽、呼吸不順。
- 便便或尿尿的次數明顯比以往增加或是減少。

☑ 心理表徵

- 固執，對某特定事物有莫名的堅持且變得不愛聽話。
- 精神容易緊張，會來回踱步繞圈或坐立不安。
- 常常動不動就亂叫叫或是表現得憂國憂民、一整天悶悶不樂。
- 出門時發現他的方向感明顯變差。

是不是覺得原來狗狗也會「老翻顛」？對喔，當他開始行為與情緒異常的時候，不要太過責怪，不是因為他變得桀傲不遜，而是因為大腦功能隨著年齡退化了。在這退化的同時，很多健康問題也會跟著出現，在這裡我們先不談特殊疾病，而是說說高齡犬普遍會出現的年老病徵。

高齡狗狗容易出現的健康病徵：

☑ 白內障

不是只有人，狗狗也會白內障。當水晶體老化後變得混濁而讓狗狗視力衰退、怕光、模糊，到後期嚴重時甚至會失明。麻糬差不多在１３歲時開始有初期白內障的現象，但他的情況一直維持那樣的狀態，並沒有惡化下去。狗狗的白內障是可以透過手術治療的，而且越早治療越好。但畢竟手術有麻醉風險且費用高——約３～６萬元，像麻糬年紀已經那麼大又視獸醫院為地獄，就需要好好評估是否適合動手術。

預防方法：

- 多吃富含維生素Ｃ及葉黃素的食物，如青花菜、番茄、南瓜、深海魚、雞蛋。
- 避免長時間過度曝曬在強烈陽光下。有些狗狗長期被栓在水泥地或鐵皮屋旁，水泥地板及金屬的陽光反射非常強，長時間下來對眼睛的傷害很大。
- 開始進入高齡期後，定期做眼睛健康檢查。

☑ 重聽

似乎老人、老狗都很難避免聽力退化的發生。黑麻糬到後期感覺上聽力也變得不好，常常要叫好幾聲或放大音量才會有反應。為什麼說「感覺」呢？因為我不曉得他是因為身體不舒服而變得不愛搭理我，還是因為有失智現象？還是單純只是重聽？一

切發生得太快，事實已經不可考，但老化引起的聽力衰退，確定是一項不可逆也無法治療的問題。

預防方法：

- 平時幫狗狗定期做耳朵清潔與保養，能夠減緩聽力退化的速度。

☑ 口腔問題

口臭、蛀牙、掉牙、牙周病、牙結石等，都是老化後容易出現的問題。雖然不知道專業醫學上是不是如此，但依我們家每隻狗狗的狀況來說，都是從正面下排牙齒開始崩壞掉落。口腔問題影響的層面很多，比如牙齒痛就沒辦法好好進食，進而影響整體營養狀態；牙結石或牙周病很容易引發細菌感染、產生併發症；口臭除了可能是由牙周病引起外，也需要考慮或許是狗狗腸胃出現問題才導致口腔氣味不佳。

預防方法：

- 定期做好牙齒護理，避免給狗狗啃咬太硬的食物。
- 確實幫狗狗刷牙，維持牙口健康。也可以考慮定期洗牙。
- 洗牙需要全身麻醉，對肝、腎有一定影響，高齡犬請多加評估。

☑ 關節炎

關節與關節之間的軟骨磨損後，就會開始僵硬、發炎、疼痛。在我花園工作室的周邊，住著許多隻已經毛髮斑白的老狗狗，他們的活動力都還不錯，但就是走路老是卡卡的，即使跑起來，也會怎麼看怎麼不順，一群聚在一起同時前行，有一種喪屍電影的錯覺。狀況輕微的關節炎可以透過止痛發炎藥舒緩，情況嚴重就需要考慮外科手術，但同樣的，高齡犬面對手術的風險大大提高，因此還是要仰賴平日的預防與保健，請再回頭複習複習關節護理篇章。

預防方法：

- 避免太過激烈的活動與樓梯跑跳。
- 平日可攝取有益關節健康的食物，如富含 Omega-3 的深海魚、魚油。
- 對有先天性關節遺傳問題的品種犬，要特別留意日常關節護理，如臘腸犬。

☑ 失智

失智，是一個大家普遍熟悉的說法。在狗狗身上被稱作「犬認知障礙症候群」，又稱「老狗症候群」，也就是類似我們的老年癡呆症、阿茲海默症，在這裡我就簡單稱作「失智」。失智常發生在１２歲以上的高齡犬，因為腦神經逐漸衰敗，而讓狗狗的認知、反應功能沒有辦法正常運作。常出現的症狀有：叫了沒有反應、對平時熟悉的指令感到困惑、漫無目的或失去方向感、隨地大小便、失去對新鮮事物的好奇、情緒不穩定。說起來，整體與中暑症狀滿類似的，也就是傻傻的、失去靈魂的感覺。失智也是不可逆的老化疾病，但一隻生活豐富、飲食多元、不斷接受腦部刺激的狗狗，出現失智的機率就會大幅下降。

預防方法：

• 養成良好的運動與散步習慣。

• 利用狗狗益智玩具活化大腦運作。

• 在第 4 章裡的每一件事，都有助於降低失智的發生，請參考 P130。

☑ 其他

人老了，很多疾病就會蠢蠢欲動，狗狗的情況也如此。除了前面說的幾項絕大部分老狗都會出現的健康問題外，其他如心臟病、糖尿病、腎臟病及代謝功能異常等，也都是名列前茅的幾項老犬疾病。雖說定期健康檢查可以及早發現及早治療，但以案例統計來說，當狗狗「因為衰退」而產生上述幾項重大疾病時，大多時候都是生命終了的前兆。我們能做的是延緩惡化，但很難阻止死亡來到。

狗狗的生命不長，且幾乎在生命週期的後三分之一就開始慢慢老化，我們雖然無法阻止死亡來到，但在狗狗高齡的階段，我們可以試著作一些簡單的改變，延長健康的時間、減緩老化的不適。請以「開始老化」的齡期作為照護改變的分界──小型犬約 8～9 歲、中型犬約 7 歲、大型犬約 6 歲。而且，我們做得越多，越能降低狗狗離開後所隨之而來的歉疚感與自責感。你現在或許很難想像，但那種負面情緒是一個愛狗飼主的必經路程，只是或大或小。對高齡狗狗的照護，是一件對狗、對人都心靈滋養的大事。

怎麼照顧高齡狗狗呢？

居家環境上

☑ 不要更改家中格局與位置

他可以清楚的知道哪裡要轉彎、哪裡要抬腳、哪裡可能會撞到東西，尤其對視力、認知漸漸衰退的狗狗來說，一個熟悉、安心的環境是非常重要的。

☑ 注意環境安全

有一次我在澆花過後忘了把長長的水管收好，當時身體虛弱的黑麻糬走著走著就被絆倒了，倒下瞬間，他那皺起的眼睛與小臉，我至今都歷歷在目，覺得抱歉得不得了。請保持家中平坦、止滑，如果有小朋友嬉鬧的玩具，也請時時收整。在老狗常常活動的範圍，加鋪巧拼或軟墊，都可以減少碰撞的傷害。

☑ 舒服的狗窩

老化後帶來的身體僵硬與關節疼痛，讓睡覺時間拉長的老犬會倍感不適，幫他挑選一個乾燥、通風、可以曬曬太陽的地方製作一個舒適的養老小窩，讓他長時間趴睡也不會不舒服。

生活作息上

☑ 放慢腳步

過去呼喊「吃飯」，他可能半秒就抵達，狗狗老後，請多給他一點時間，5秒、10秒、15秒都沒有關係，不要催促、不要不耐煩。他需要一個穩穩的、舒緩的生活方式。

☑ 減少睡眠中的驚動

狗狗在睡眠中可以進行很大的身體修復，對於老犬——病犬也適用，當我們要把睡覺中的他喚醒時，不要像過去那樣急驚風的大聲公或是用力搖晃他，這些都會讓他受到驚嚇。可以先到他身邊小聲的呼喚，等他稍有反應了再輕輕摸背，把他喚醒。

飲食健康上

☑ 鬆軟好入口

老狗的下顎能力沒有年輕時強盛，牙齒也開始鬆動了。可以選老犬專用飼料，或者在吃飯前先幫他把飼料泡軟。如果製作鮮食，避免太過韌性的肉類部位——排骨、多筋的肉。可以改用魚肉、雞肉，記得骨刺都要挑乾淨喔。

☑ 食材控制

選擇低油、無鹽、脂肪量少且纖維豐富的食物，不要再心軟給他吃人吃的東西，老狗狗的代謝能力差，吃到不好的食物很可能無法完整代謝而誘發疾病。

☑ 少量多餐

消化能力下降後，肚子沒辦法再承受成犬時那樣狼吞虎嚥、暴飲暴食。縱使狗狗沒有表現出肚子不舒服的樣貌，也請你幫他控制餐食為少量多餐——以過去一天的食物總量分割成 3～4 餐給予。

外出活動上

☑ 保持外出活動

不要讓狗狗整天睡覺，外出活動的時間一到，還是要讓他習慣出去活動筋骨。外界事物的刺激與大自然的氣息，對老狗養生是很棒的。

☑ 降低強度

過去狗狗可能跟著你奔跑，當他年紀大後，請不要讓他如此為難。避免爬坡、難走的石子路、熱烘烘的柏油地面與人多狗多讓他緊張的地方。降低外出活動的強度，能減少關節與氣管的損傷，而你也可以視狗狗身體狀況酌量縮短每日活動時間。

☑ 輔助工具

我曾看過鄰居老狗走著走著後腿就無力癱軟、然後坐在地上爬不起來。若狗狗有這樣的情況，你可以帶著輔助帶、嬰兒車一起外出，以備不時之需。

對開始老化的狗狗，我們可以在生活、飲食上做好萬全準備，然而日子過著過著，我們也會來到面臨狗狗即將終了前的這個關卡。我們永遠不會知道哪個時間點是結束的時候，只能在那個悲傷時間點之前，再竭盡所能的做我們能做的事。

面對生命末期，我們還能做什麼？

1. 請給他更多陪伴

   黑麻糬生命末期，正好是年底我工作量爆表的時候，至今最最最讓我無法釋懷的，就是沒能有更多時間好好陪伴他。當一個生命消逝後，才驚覺，我為什麼在愛的人（狗）身上那麼吝惜給予時間？但縱使驚覺了，那個生命依舊再也回不來。

2. 不要忽視異常變化

   「老狗本來就會這樣」是我當時候聽最多的一句話。真的很討厭，老狗雖然的確「會這樣」，但很多的異常的變化——像是排泄不正常、後腳癱瘓、嘔到休克——都會是一種生命終了的先兆，請你不要忽視他。

3. 使用寵物攝影機

   其實，在麻糬生病的這段期間，獨立工作的我還能時時留在他身邊，已經是很慶幸的事。我知道許多人都得繼續上班、繼續生活，對「留下時間給老狗」是力不從心的。或許你可以考慮使用寵物攝影機——有些攝影機還能對狗狗說話，隨時留意家中老狗的變化，也能讓在外工作的你放下不少擔憂。

4. 寵物長照中心

   現在許多獸醫院都有寵物長照的服務提供，各縣市也有公、私推動的寵物安養中心。如果你的時間不允許而經濟能力還能負擔的話，也能將此列入考量。但寵物長照機構的優劣差異頗大，請一定要事先做好功課，不要讓狗狗年紀大了還要到陌生環境被受苛待。台大動物醫院除了有「長期安養」的提供，還有「日間照護喘息服務」，如果你只是某一小段時間必須出差或白天上班無法照顧狗狗，也可以選擇這樣的狗狗照護模式。

如果你跟我一樣必須肩負起照顧即將臨終狗狗的責任，在偷偷流淚之外，有些東西你可以事先準備好：

● 無針針筒

這時的狗狗已經無法正常飲食，不論是餵藥、餵食還是補充水分，都需要針筒幫忙灌食。針筒有各種大小 CC 數可以選擇，餵藥可以選20CC 的小管針筒、餵食可以選用 50CC 大管針筒，省去反覆吸抽的不便，狗狗也會等得沒有耐心。

● 營養膏

對於無法進食又必須灌食的狗狗，營養膏是滿好的選擇，可以將他混合進湯水或泡爛的飼料裡，攪拌成泥水狀後一起灌食，補充營養。

● 濕紙巾

準備好大量的溼紙巾，幫忙可能大小便失禁的狗狗清理身體。濕紙巾比毛巾好用，除了濕紙巾已經消毒無菌，我們也不需要事後清洗晾曬，徒增照顧上的不便與麻煩。

● 拋棄式手套

目的與濕紙巾相同，在清理糞便、尿液前，拋棄式手套是我們很好的夥伴，不會弄髒雙手也可以大膽放心地協助狗狗清理排泄物。

● 拋棄式保潔墊

黑麻糬生病時期，我還是讓他待在他最喜歡也最熟悉的花園裡，如果他想尿尿想嘔吐，完全無須顧及就可以放心傾瀉。但如果你的狗狗必須待在家裡頭，那請幫他準備保潔墊，讓他安心排泄也讓你快速清理。拋棄式保潔墊一般超市或醫療用品店都有販售，價錢不會太高，但能減低你很大的不便。不要用狗狗尿布，他會很不舒服。

倒數五小時

這天早上醒來，異常疲憊，眼皮很重、身體也很重。我夢見麻糬了，昨晚。他用一種很奇怪的姿勢看著我，像是從腰部折了一半，長長的身體變成直角形狀。

撇開夢，我想著今天要去醫院幫他再拿十天份的藥，噢對，還有針筒，也記得再買一些。從獸醫院出門，拎著藥袋回到花園，我一路膽戰心驚地走著，每一刻，都因為沒看見他而緊張──那個讓我精神緊張的夢，直到看見他站在我面前才鬆了一口氣。照例，我還是摸摸他、抱抱他，問他今天還好嗎？然後進到屋裡準備料理他今天第一管食物與藥水。但，與照例不同的，當我拿著食物跟藥水去找他時，他沒有在睡覺，而是用一種像是忽然被撞倒在地的姿勢趴在地上。我急急走上前，看見在他面前有一灘黃綠色的液體──他吐出來的液體。我心想他只是「又再一次吐了」，所以把他扶起後、哄他吃藥，可是好奇怪，這一次的藥，怎麼也進不了他那上下緊咬的嘴巴裡，我心裡一陣恐慌，不停地用手指把藥水與食物從他流下的嘴邊撫回嘴裡，但那些湯湯水水只是悲慘地被擋在牙齒外，完全不得而入。我想著他的狀況不好，或許晚點……晚點再來。看著在陽光下趴著的他，我想噓寒問暖又怕煩擾他的不舒服，一下蹲、一下站、一下向前、一下走開。

這天的工作量很大，我回小屋工作後就沒停止的忙碌。接近中午時間，窗外一陣陣極細微的喘氣聲把我從工作中拉回，一抬頭，看見黑麻糬坐在地上不停打轉、掙扎著想站起來。我顧不得水彩未乾、丟下畫筆衝出門外把他一把扶起，而地上有一灘又一灘黑色濃稠排泄物，沾得麻糬一身都是。

「沒關係、沒關係，我都在這裡。」我抱著麻糬，急急地說，他輕輕地搖搖尾巴。

當我放開他後，他搖搖晃晃地向前走了幾步，接著無力地倒下，又掙扎站起、又倒下，然後後腳完全無法施力，長長地拖在身體後面。這是怎麼回事！我驚恐地看著，淚水嘩啦流下。我一邊擦著自己的眼淚、一邊擦著麻糬的身體，一邊捏捏揉揉他的後腳，一邊問他怎麼會這樣。不知所措的我坐在他身邊，看著他睜著大大的眼睛轉啊轉，有時看著我、有時看著遠方。忽然，腦袋裡莫名出現旋律，我好像預知了什麼，開始一直重複地對他唱著一首歌：「行走在茫茫月光的中間，我不能久留於傷感；待天空雲出寂寥我發現，你從未離開我身邊……」這天太陽很大，可是我眼前像那朦朧月光，看麻糬都看不清楚。

「沒關係啦馬幾（麻糬），如果真的很不舒服就不要忍了，好不好，我們不要忍了⋯⋯」
看著大小便失禁、後肢癱瘓的麻糬，我好希望他走、又好怕他真的走。

當時的我不知道那是生命開始倒數，以為這樣的癱瘓或許會拖上幾天時間，心中還不停
盤算等等要準備軟軟棉被、要準備保潔墊、還有，是不是要聯絡獸醫考慮安樂死⋯⋯

3. 學著跟狗狗說再見
I'll try...

從小小、軟軟的小奶狗開始,他們就每天每天地黏在我們身邊,看著他第一次走樓梯的憨樣、看著他第一次吃到肉肉的驚喜、看著他第一次被其他狗狗欺負的竄逃、看著他第一次洗澡時的千百個不願意……就算他不會說話、不會用手比一個愛心送給你,但你就是知道你的世界有滿滿的他,他的世界也有滿滿的你。但是怎麼辦?這個滿滿的世界還是會有被挖空的時候。

狗狗因為動物基因中自我保護的生理機制,上天給了他們一個厚禮,讓他們保持著年輕成犬時的健康狀態,直到生命終期前半年,然後利用半年的時間,急速老去,直至終了。

黑麻糬開開心心的活了 15 年,然後從發病到離開,前後 3 個月,很快,讓我還沒能接受時就必須學著接受。那時候,沒有任何人告訴我應該怎麼做,也沒有人告訴我那樣的狀況就是狗狗即將離開了。那種無助,很痛。痛以外,還摻了很多歉疚、自責、不甘與氣憤。

可是那是我、我們、我們人類的想法。死亡,對動物來說是一件非常自然不過的事情,就跟出生一樣,天生、天養,然後回歸塵土。雖然我們都知道就是那麼一回事,但無奈我們還是有情緒、有思念、有罣礙。所以這最後的一個章節,我想用我最親身的經歷、最肺腑的念想,跟你們說說,當我們必須與狗狗說再見時,該怎麼做,才不會有遺憾。

面對狗狗，你能做什麼？

☑ 告訴他，你有多抱歉

我們在與狗狗相處的歷程中，難免都會犯錯。可能是對狗狗太兇太嚴苛、可能是忙著戀愛忙著工作而忽略了狗狗的存在、可能是在他身體不舒服時卻沒能第一時間察覺……這些罪惡感會在狗狗即將離世前與剛離世後到達最高點，不要覺得自己是瘋了，這是很正常的彌補反應。如果還有機會，在狗狗離開前，把所有你覺得曾經做得不夠好的地方，通通告訴他，然後好好跟他說抱歉。

☑ 告訴他，你有多愛他

除了道歉，你也需要道謝與道愛，讓他知道你有多愛他、有多謝謝他。那麻糬的最後 3 個月，我早上醒來看見他的第一句話，就是告訴他，我很愛他。從正面情緒的傳遞中，可以讓他獲得最大的安定力量，而你與他，也才能更有勇氣說再見。

☑ 告訴他，一切沒關係

麻糬生命後期開始反嘔到短暫休克、開始大小便失禁時，我會在第一時間跟他說：「沒有關係沒有關係，不用怕，我都在。」狗狗知道的，他帶給你的不便與憂慮，他都知道，也都覺得抱歉。不要在他已經羞愧的時候還指責他的不是，告訴他，一切都沒有關係，真的沒有關係。這樣，他才能順應自然，安心隨身體機能的漸漸終止而離開。

☑ 告訴他，如果忍不住了，就安心走吧

不要哭天喊地地叫他不要走，他就得走了，你這樣不捨又能怎麼樣？如果你還沒開始養狗狗，可能真的無法相信，狗狗自己也會捨不得走；如果你已經把狗狗養到即將離開的時刻，那你一定知道，你的狗狗有多捨不得你哭泣。暫時收起你的糾結，學習冷靜、平靜地跟他說：「如果真的很痛，就不要忍了，安心走吧，沒有關係的。」等他真的離開後，你想怎麼哭就怎麼哭，你想怎麼喊叫就怎麼喊叫，那被收起來的糾結才能獲得釋放。

離開了

12月中，太陽怎麼還是那麼大？曬得身體發燙。可是躺在花園裡後肢癱瘓、不停喘氣的麻糬還是發抖著，我怕他冷，把他抱到陽光底下，但又怕他熱，放了一把傘在旁邊替他撐涼。

我一下進屋察看安樂死事項、一下出去捏捏他後腳，我一下想著要不要送他去醫院、一下又覺得是不是不要再驚動他。一顆心跟散落沒時間整理的頭髮，在一進一出間擺擺蕩蕩。最後一次走出去摸摸麻糬時，他前後甩動著前腳，掙扎著，我焦急地問他是不是想站起來？他看看我，沒有說話，我自己解讀，雙手扶住他後腹部，幫他站起來。

彎著腰拖著麻糬後肢很難行走，我小心的避免踩到他的腳。但這擔心很短，我與麻糬只往前走出兩步，然後，如暖冬冷風吹撫，他的身體發軟，輕輕的、不疾不徐，一股力量從後面開始往前緩緩抽去，像是慢動作一樣，他往我的方向倒了下來。

我跟著倒下的他一起跌跪在地上、及時扶住他的頭，直直的看著他。在我雙手中，呼嚕一聲，麻糬吐出一口氣。

親愛的黑麻糬：

那最後的一口氣，沒有靈魂離開的神聖配樂，佐著微風與樹葉窸窣，就只是呼嚕一聲，有點像是吞下一口湯的聲音，然後我知道你走了。那瞬間，我鬆了一口氣，看著被病痛折磨每天都吃不下東西又反覆嘔吐的你，我感謝老天終於把你帶走，可是在這之後隨即而來的，是一陣劇痛跟恐懼。

我放聲大哭，很懷疑你是真的走了嗎？我把手放在你鼻子前感受呼吸、摸摸你的胸口感覺跳動、拉拉你的手腳看看反應，結果，什麼都沒有。

什麼都沒有。

原來，那兩步，是我與你的最後一段路。

離開二小時

我在陽光下陪著已經離開的你，不願意離開。我擔心鼓起勇氣說再見之後，就真的再見了。所以一下摸摸你的頭、一下擦擦你身體，一下說對不起、一下說謝謝你。

心裡還有一點點自私愚蠢的期盼，期盼你只是又一次短暫休克，等等就會醒來。直到 2 個小時後，你的舌頭開始發黑、手腳開始僵硬，你始終沒有睜開眼睛。原來，靈魂離開之後，這一切來得那麼快，我知道時間真的到了，我不得不送你走。

對不起，馬幾，謝謝你，馬幾。

拆下你的項圈、最後一次摸摸你的頭，很抱歉我沒能看著你入土，我不能，我怎麼能。

麻糬葬在花園最深處，一棵很大的橄欖樹下，那裡有旺旺、養樂多陪著他。那天，我坐在屋子裡，看著早上去幫黑麻糬拿的那十天藥，怕他苦，還跟醫生多要了兩罐糖漿。我好氣，氣那天為什麼不早點起床、氣那天為什麼要一直工作、氣他都要走了我還在查安樂死這件事！妳很糟糕、妳很糟糕，我一直覺得自己很糟糕。

對不起，馬幾，謝謝你，馬幾。

如果可以，我希望你已經是一隻自由自在的小鳥，想去哪裡就去哪裡，看看這個世界，聞聞你沒聞過的地方。

如果可以，我也希望你可以再回來讓當我的寶貝，這一次我不會整天工作，我會帶你到處去玩，用最大的力量陪你上山下海。

如果可以，我最希望你還在，沒有病、沒有痛，在我開門的時候衝過來，這裡黏那裡磨，然後躺下來露出肚子跟我說你都在。

對不起，馬幾，謝謝你，馬幾。

面對自己，你能做什麼？

☑ 告訴自己，都是自然的

當你決定養一隻狗狗的時候，就該知道有一天他會比你先離開。不要過度糾結，不論是他生了重病在痛苦掙扎，還是他正常老化直到無法動彈，這些在你眼裡看起來極度不捨的樣貌，對整個生態自然界來說，只是一個正常不過的循環，當他身為動物在野外求生時，也是這樣面臨終點的。放寬心，打起精神，好好陪他最後一程。

☑ 告訴自己，他並不怪你

還記得你的狗狗那微微抬起頭、天真傻氣的憨笑嗎？那個憨笑下的樂觀寶貝，怎麼會記仇？又怎麼會怪你？一切的罪惡感都來自你自己無法接受他離開的負面情緒裡。如果悲傷讓你變得歉疚又憤怒，每天持續跟自己說，狗狗真的在你給他吃好吃的之後就什麼都沒放在心上了，他不怪你。

☑ 告訴自己，他真的在

有些人在狗狗離開後，為了避免觸景生情，把所有狗狗曾經存在的東西——玩具、被被、繫繩、飼料碗——都收收起來。但那是塵封、不是釋懷啊。黑麻糬走後，我沒有刻意收掉他的東西，看到物件，想哭時就哭；想起過去，思念時就卯起來思念，湧著歉疚，想告解時就到他墓前持續告解。只有這樣直接面對死亡，未來的某一天，我們才能真正釋懷。

☑ 告訴自己，一切都好

沒有養狗的人，看到這裡大概已經按耐不住了，會想：「不是就一隻狗嗎？怎麼講得像是世界末日。」相信我，狗狗的離開，對曾與他們緊密生活數十年的我們來說，就像失去一個孩子一樣，「痛」都不足以形容。在這樣如同末日的心情裡，我們還是要告訴自己，這只是暫時的，一切都會過去，一切都會恢復常態。既然如此，是不是要早一點讓自己平復起來？還想養狗就再去領養一隻來愛、家裡還有其他狗狗的就延續那份愛、不想再一次心痛那就保留起來對自己好好愛。總是一切都會好的。

狗狗離開了，該做些什麼事？

1. 拆卸項圈

把那一直掛在脖子上的項圈拆下來吧。幫他揉揉脖子，跟他說，什麼束縛都沒有了，你不屬於我、你不屬於誰，從現在開始，你想去哪裡就去哪裡，好好玩一場。

2. 清潔身體

死亡後，肌肉鬆了，身體裡的排泄物會自然流出。不要讓狗狗這樣臭臭、髒髒地離開，幫他擦擦身體、吹乾毛髮。如同「剛長大成人（狗）」那樣漂亮、帥氣地去遊玩。

3. 最後的祝福

不論你的信仰是什麼，用一段禱告或經文，撫平他所有的苦痛、安定他所有不安、補足他所有遺憾。這是最後的祝福，也是你與他最後的一段話。

4. 送走他

即使再怎麼不捨，你還是得盡快送走他。黑麻糬走後，我坐在他身邊、陪了他兩個小時。那時候他的舌頭已經發黑、四肢已經僵硬，而我也已經哭得雙眼腫大。當我知道再也不得不送走他時，是因為蒼蠅慢慢飛來了。白日常溫下，狗狗會在離開後 3 ～ 5 小時開始腐敗，你不能一直揪著他不放，請堅強起來，想想要怎麼送走他。

- 自行料理後續

    黑麻糬與過去幾隻狗狗，一起土葬在花園最深處、一棵很大的橄欖樹下。如果環境允許，把狗狗留在他所熟悉的環境當然是最好的，你想與他說話時就能找到他、想祭拜思念他時很快就能抵達。

- 與寵物殯葬業者聯繫

    如果自己無法處理，請與寵物殯葬業者聯繫，並決擇要幫狗狗土葬？火葬？還是樹葬、花葬呢？火葬後，你想把他放在業者的寵物塔位中，還是帶他回家？這些都由你決定，不需要有太多顧忌或疑慮，最重要的是幫狗狗好好善終並保留那份愛。

花開花落終有時，緣起緣滅無窮盡。寫到這裡，狗狗離開了，我們也要說再見了。相信我（最後一次要你們相信我），你與狗狗，一切都會好的。

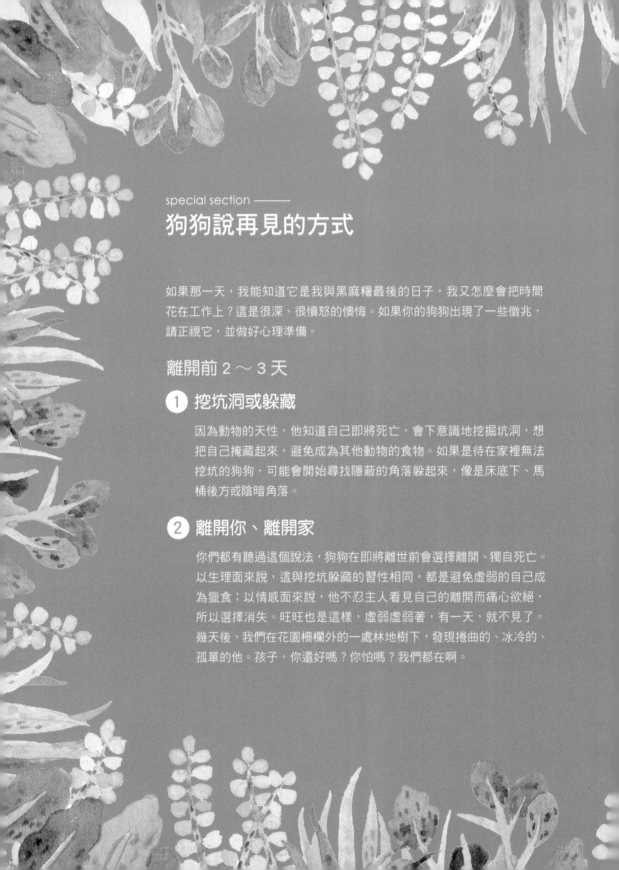

special section ———

狗狗說再見的方式

如果那一天,我能知道它是我與黑麻糬最後的日子,我又怎麼會把時間花在工作上?這是很深、很憤怒的懊悔。如果你的狗狗出現了一些徵兆,請正視它,並做好心理準備。

離開前 2 ～ 3 天

1 挖坑洞或躲藏

因為動物的天性,他知道自己即將死亡,會下意識地挖掘坑洞,想把自己掩藏起來,避免成為其他動物的食物。如果是待在家裡無法挖坑的狗狗,可能會開始尋找隱蔽的角落躲起來,像是床底下、馬桶後方或陰暗角落。

2 離開你、離開家

你們都有聽過這個說法,狗狗在即將離世前會選擇離開、獨自死亡。以生理面來說,這與挖坑躲藏的習性相同,都是避免虛弱的自己成為獵食;以情感面來說,他不忍主人看見自己的離開而痛心欲絕,所以選擇消失。旺旺也是這樣,虛弱虛弱著,有一天,就不見了。幾天後,我們在花園柵欄外的一處林地樹下,發現捲曲的、冰冷的、孤單的他。孩子,你還好嗎?你怕嗎?我們都在啊。

離開當天

① 完全無法進食

即將離開時，身體能量已降到最低值，這時的慌張會讓狗狗咬緊牙關，完全沒有辦法灌食、灌水，你的焦急也只會讓他感到無奈。如果出現這樣的情況，不要強迫他、也不要強硬掰開嘴巴灌食，那對他都是很痛苦的逼迫。

② 嘔吐、大小便失禁

當身體機能已不受控制、消化系統也無法運作後，狗狗會感到暈眩、噁心，進而嘔吐，然後慢慢的大小便失禁。這時候排泄出來的往往是稀稀的黃水，有時會有深黑色的血便。

③ 癱瘓、喘氣

一開始你能感覺到他極度深層的疲憊，走著走著就倒了下去，接著從後腳開始不聽使喚，幾乎失去知覺。已爬不起來的他，會開始喘氣、伴隨著前肢抽動或發顫。最後，剩下兩顆眼睛轉啊轉，像是在尋找你，也像是說著：這一次，真的要走了……

我與狗狗的相處方式

如果你慢慢讀到這裡，我真的謝謝你，因為這本書的文字很多、而現在的人已經不太讀書了。如果這本書是你買的，我更要謝謝你，因為這本書用了我很大的力氣、而現在的書已經很難賣了。

在這最後的最後，除了我真心的一句謝謝之外，我還想要跟你們說說我自己面對狗狗的相處方式。我很擔心這本書會讓人誤以為我是個極端愛狗人士，當然，我愛狗狗的心是無庸置疑，但絕不極端──沒別的意思，通常「極端」總會讓人害怕。怎麼說呢？面對狗狗，我在感性之餘，仍保留相當份量的理性，這一份理性，我覺得是讓狗狗回歸「狗狗」很重要的一個關鍵，他們也才能過得更快樂，比如：

☑ 把狗狗當動物、不是人

他們再怎麼可愛，也不會成為真正的人類小孩，所以我不會把他們當成「人」一樣的對待，比如要他們整天乖乖不要亂跑不要亂叫、比如要他們一定要在廁所裡或馬桶上大小便、比如要他們睡覺時乖乖躺好睡覺……這些對一隻「動物」來說都太過嚴苛與病態，如果要這樣，養小孩就好不要養狗。

☑ 不親、不睡、不整天抱著不放

因為很懂狗，所以我不親狗也不會與狗狗一起睡覺。承上，因為狗狗是動物，所以他會有舔拭自己身體、生殖器官、分泌物的習性，

每每看見有人與狗狗「舌吻」，我都看得膽戰心驚，動物的口腔含有大量的細菌與病毒，且許多都是人畜共通。而一起睡覺這件事我也不那麼做，除了寄生蟲的問題外，有養狗狗的你們都知道，夏秋兩季的換毛期，那如雪花般的瘋狂掉毛，足以再做一件棉被了。如果共眠，對自身的呼吸道與皮膚會有不良影響。而整天抱著，你以為是愛，但狗狗覺得超煩。動物喜歡擁有自由移動的能力，你整天把他据在懷裡，就跟人綁著束縛帶是一樣的。

☑ 讓他自由自在地活著

就像我一直說的「天生天養」，狗狗有他自己一套動物基因的生活方式，不需要處處都必須配合「人類」，像是幫他穿衣服、穿鞋子、坐嬰兒車等。有時候我們自以為的「照顧」，對狗狗來說是痛苦束縛。我喜歡讓狗狗用「原本的樣子」生活著，想叫就叫、想聞就聞，也因為環境允許，我更鼓勵他們自由地奔跑。

以人類孩童的概念來說，我面對狗狗的相處方式大概就是「森林小學」的感覺。狗狗的一生不過十餘年，與我們相遇是緣分，不是服從或勞改。我喜歡站在他們的角度與他們相處、讓他們自由自在的活過狗生。不管是你準備養狗還是已經養狗，都讓你參考看看我與狗狗的自然相處之道。好了，真的必須跟你們說再見了，謝謝出版社給我這樣的機會幫狗狗發聲，希望我的微薄之力，能夠讓所有的狗狗更美好。

米麻糬，
要一直開心的笑唷！

☑ 我的寵物知識與資料參考來自

狗狗的家庭醫學百科 / 野澤延行 著
慈愛動物醫院小百科
台灣動物社會研究會
Afurkid 毛小孩寵物資訊網
毛孩園地
毛孩好日子
Petmily 寵物迷知識平台
愛你寵物網 Love U Pets

由衷謝謝所有愛狗的你們

bye bye !

迷戀於，用手繪的溫度，炙熱日常美好角落；
暈眩在，用溫潤的雜想，拼湊生活每片視野。

如果你喜歡我的文字、我的插畫，也喜歡狗狗與花草，請一定要來：

FB：tonton38　　IG：janhsuans

如果你喜歡我的設計，有話想對我說說，請與我聯繫：
e：tonton16.tw@gmail.com

同時，也非常謝謝照料雙歐的「家安動物醫院」傅醫師，一同審閱了這本書，
大感謝！

2AF359

一輩子只有你
我的第一本狗狗照護書

作者－插畫──劉彤渲／審訂──傅啟嘉獸醫師
責任編輯──張之寧／內頁設計──染渲森森／封面設計──任宥騰／
行銷企畫──辛政遠、楊惠潔／
總編輯──姚蜀芸／副社長──黃錫鉉／總經理──吳濱伶／發行人──何飛鵬

出　　　版　創意市集
發　　　行　英屬蓋曼群島商家庭傳媒股份有限公司城邦分公司

香港發行所　城邦（香港）出版集團有限公司
　　　　　　香港灣仔駱克道 193 號東超商業中心 1 樓
　　　　　　電話：(852) 25086231
　　　　　　傳真：(852) 25789337
　　　　　　E-mail：hkcite@biznetvigator.com

馬新發行所　城邦（馬新）出版集團
　　　　　　Cite (M) Sdn Bhd
　　　　　　41, Jalan Radin Anum, Bandar Baru Sri Petaling,
　　　　　　57000 Kuala Lumpur, Malaysia.
　　　　　　電話：(603) 90578822
　　　　　　傳真：(603) 90576622
　　　　　　E-mail：cite@cite.com.my

展 售 門 市　115 台北市南港區昆陽街 16 號 7 樓
製 版 印 刷　凱林彩印股份有限公司
初 版 2 刷　2024 年 8 月
I S B N　978-986-0769-04-3
定　　　價　450 元

若書籍外觀有破損、缺頁、裝訂錯誤等不完整現象，想要換書、退書，或您有大量購書的需求服務，都請與客服中心聯繫。

客戶服務中心
地址：115 台北市南港區昆陽街 16 號 5 樓 ／服務電話：（02）2500-7718、（02）2500-7719
／服務時間：週一至週五 9：30 ～ 18：00 ／ 24 小時傳真專線：（02）2500-1990 ～ 3 ／ E-mail：service@readingclub.com.tw

國家圖書館出版品預行編目 (CIP) 資料

一輩子只有你：我的第一本狗狗照護書／劉彤渲著 . --
初版 . -- 臺北市：創意市集出版：英屬蓋曼群島商家庭傳
媒股份有限公司城邦分公司發行，2021.10
　面； 公分
ISBN 978-986-0769-04-3(平裝)

1. 犬 2. 寵物飼養

437.354

110008271